30 Minuten
Empowerment

Alexandra Hagemann
Sandra Dundler

Externe Links wurden bis zum Zeitpunkt der Drucklegung des Buches geprüft. Auf etwaige Änderungen zu einem späteren Zeitpunkt hat der Verlag keinen Einfluss. Eine Haftung des Verlags ist daher ausgeschlossen.

Bibliografische Information der Deutschen Nationalbibliothek. Die Deutsche Nationalbibliothek verzeichnet diese Publikation in der Deutschen Nationalbibliografie; detaillierte bibliografische Daten sind im Internet über http://dnb.d-nb.de abrufbar.

ISBN 978-3-96739-218-0

Umschlaggestaltung: Zerosoft, Timisoara (Rumänien)
Umschlagkonzept: Buddelschiff, Stuttgart | www.buddelschiff.de
Lektorat: Silke Martin, Kriftel
Autorinnenfoto Alexandra Hagemann: Manfred Wagner
Autorinnenfoto Sandra Dundler: Karina M. Bschorr
Satz und Layout: Zerosoft, Timisoara (Rumänien)
Druck und Bindung: Salzland Druck, Staßfurt

Ein Hinweis zu gendergerechter Sprache: Die Entscheidung, in welcher Form alle Geschlechter angesprochen werden, obliegt den jeweiligen Verfassenden.

Wir drucken in Deutschland.

www.gabal-verlag.de
www.gabal-magazin.de
www.twitter.com/gabalbuecher
www.facebook.com/gabalbuecher
www.instagram.com/gabalbuecher

PEFC-zertifiziert
Dieses Produkt stammt aus nachhaltig bewirtschafteten Wäldern und kontrollierten Quellen
PEFC/04-31-2251
www.pefc.de

ÖKOLOGISCHE VERANTWORTUNG

Wir übernehmen Verantwortung! Ökologisch und sozial!

- Verzicht auf Plastik: kein Einschweißen der Bücher in Folie
- Nachhaltige Produktion: Verwendung von Papier aus nachhaltig bewirtschafteten Wäldern, PEFC-zertifiziert
- Stärkung des Wirtschaftsstandorts Deutschland: Herstellung und Druck in Deutschland

Wissen auf den Punkt gebracht

Dieses Buch ist so konzipiert, dass Sie in kurzer Zeit prägnante und fundierte Informationen aufnehmen können. Mithilfe eines Leitsystems werden Sie durch das Buch geführt. Es erlaubt Ihnen, innerhalb Ihres persönlichen Zeitkontingents (von 10 bis 30 Minuten) das Wesentliche zu erfassen.

Kurze Lesezeit

In 30 Minuten können Sie das ganze Buch lesen. Wenn Sie weniger Zeit haben, lesen Sie gezielt nur die Stellen, die für Sie wichtige Informationen beinhalten.

- Schlüsselfragen mit Seitenverweisen zu Beginn eines jeden Kapitels erlauben eine schnelle Orientierung: Sie blättern direkt zu dem Thema, das Sie besonders interessiert.
- **Zahlreiche Zusammenfassungen innerhalb der Kapitel erlauben das schnelle Querlesen.**
- Ein Fast Reader am Ende des Buches fasst alle wichtigen Aspekte zusammen.
- Ein Register erleichtert das Nachschlagen.

Inhalt

Vorwort

In unserer Arbeitswelt ist das Schlagwort „Empowerment“ allgegenwärtig. Es begegnet uns häufig auf Unternehmenskorridoren, in Teamchats und auch in Mitarbeitergesprächen. Doch was ist damit gemeint und wie können wir uns wirklich *empowern,* ohne uns bis zur Erschöpfung auszupowern?

Es klingt einfach, schließlich müssen wir nur ein wenig auf uns selbst aufpassen. Das ist der Weg, um gesund und leistungsfähig zu bleiben. Doch die kontinuierlich wechselnden Aufgaben, die Steigerung unserer Handlungsmöglichkeiten, die verschiedenen Arbeitsorte, die zunehmenden Kommunikationskanäle und die damit einhergehende Vielfalt und Komplexität sind enorme Herausforderungen. Hinzu kommen Themen wie psychische Sicherheit, Selbstwirksamkeit und auch die Frage, ob wir die richtigen Handlungskompetenzen haben, um auch adäquat auf Entwicklungen reagieren zu können.

Es ist uns eine Herzensangelegenheit, Ihnen ein Verständnis und praxiserprobte Tipps mitzugeben, wie Sie Ihre Leistungsfähigkeit auf gesunde Weise steigern und Ihre Stärken effektiv nutzen können. Es geht um den bewussten Ausbau der eigenen Handlungsfähigkeit.

Erfahren Sie, wie Sie Ihr körpereigenes Motivationssystem aktivieren können, indem Sie Aufgaben angehen, die zu Ihnen passen. Tauchen Sie ein in die Welt der positiven Neurotransmitter und Hormone und verstehen Sie, warum es im Körper heißt: Bad is stronger than good. Dieses Buch vereint auf anschauliche Weise Erkenntnisse aus den Neurowissenschaften, der Pädagogik, dem Coaching und der Psychologie und bietet zahlreiche praxiserprobte Aktivitäten für den Alltag.

Lernen Sie sich selbst besser kennen und erfahren Sie, wie Sie Ihr volles Potenzial ausschöpfen. Die Kunst besteht darin, Ihre Stärken so bewusst einzusetzen, dass Sie sich nicht selbst schwächen. Werden Sie zur besten Version Ihrer selbst und managen Sie Ihr persönliches Motivationssystem für mehr Zufriedenheit, Wohlbefinden und spürbaren Erfolg.

Für Ihre persönliche Entwicklung und zur Unterstützung des Transfers in den Alltag, haben wir Ihnen zahlreiche Übungen und Zusatzmaterial zusammengestellt. Ebenfalls finden Sie hilfreiche Links am Ende des Buches.

Wenn Sie die Inhalte verinnerlicht haben und anwenden, werden Sie verstehen, warum wir sagen: Lebe deine Stärken, spüre den Erfolg.

Viel Spaß auf dieser Entdeckungsreise wünschen Ihnen
Alexandra Hagemann & Sandra Dundler

1. Definition und Entwicklung

Empowerment wird uns fast schon als Heilsbringer versprochen und aus der State-of-the-Art-Kommunikation ist der Begriff schon kaum mehr wegzudenken. Häufig ist jedoch gar nicht klar, was damit gemeint ist. Damit wollen wir nun aufräumen und gemeinsam aufschlüsseln, worum es geht. Empowerment ist nicht nur eine Theorie, sondern gespickt mit zahlreichen verschiedenen Umsetzungsmöglichkeiten. Zudem streift es unterschiedliche Lebensbereiche. Empowerment zu entwickeln, kostet manchmal Mühe, aber am Ende bringt es unglaublich viel.

1.1 Empowerment – in die Wirkung kommen

Die Herausforderungen sowohl in der Arbeitswelt als auch in der Gesellschaft haben in den letzten Jahren beträchtlich zugenommen, und es ist noch lange kein Ende in Sicht. Diverse Studien belegen die psychischen Belastungen von Eltern, Kindern, Arbeitnehmern, aber auch Arbeitgebern, ob im öffentlichen Dienst oder der Industrie. Die Fehlzeiten der arbeitenden Bevölkerung steigen und immer mehr Menschen fallen wegen psychischen Erkrankungen wie Überlastung, Burn-out oder auch Depressionen aus. Doch warum ist das so?

Empowerment als Konzept

Unter Empowerment verstehen wir ein Konzept, das Menschen stärken soll und sie dabei unterstützt, die Kontrolle über ihr Leben, ihre Entscheidungen, ihr Handeln zu übernehmen, Selbstverantwortung zu stärken, Selbstwirksamkeit zu erleben. Es geht darum, ein zufriedenes und erfülltes Leben zu führen. Und das im privaten Leben genauso wie im Unternehmensumfeld. Im Arbeitsleben geht es darum, dass Führungskräfte ein Umfeld schaffen, das Mitarbeitern den Rahmen für ihre persönliche Ermächtigung bietet. Damit ist es eine Antwort bzw. ein Gegenentwurf zu Konzepten aus der klassischen Psychologie, die sich auf negative und passive Verhaltensweisen konzentriert haben, wie beispielsweise die erlernte Hilflosigkeit. Es geht um Selbstmanagement und um ein gesundes Maß des Einbringens in einer immer herausfordernderen Welt.

Empowerment ist vielschichtig und komplex. Hier sind ein paar Ideen, was damit gemeint ist und wie wir uns selbst „empowern“ können.

Selbstreflexion und Selbstbewusstsein

Empowerment beginnt mit gesunder Selbstreflexion mit dem Ziel, sich seiner selbst bewusst zu werden (= selbst bewusst sein). Was meinen wir mit gesund? Es geht darum, zu sehen und anzuerkennen, was gut läuft und was nicht so optimal ist, um daraus in die Handlung zu kommen. Es gibt Menschen, die in defizitorientierter Selbstreflexion feststecken, sodass sie sich selbst in Zweifel ziehen. Das führt zur Passivität und nicht zur Entwicklung. Selbstverurteilung ist kein Empowerment. Zur Erinnerung: Es geht um ein erfülltes Leben, in dem wir unsere Ziele erreichen, unsere Stärken managen, unsere Rollen kennen und reflektieren sowie unsere Werte bewusst leben. Wie geht das?

Standortbestimmung

Ziel ist es, herauszufinden, wo man aktuell steht, wie man sich selbst sieht. In der Hektik des Alltags ist das vielen nicht bewusst. Man lässt sich vom Strom des Lebens mitreißen.

Es gibt unterschiedliche Methoden, den Status quo zu ermitteln.

- **Den eigenen Lebensbaum erstellen:** Die Wurzeln symbolisieren die Vergangenheit, das Urvertrauen, das uns und unser Verhalten prägt. Der Stamm steht für die innere Stärke, die Früchte verdeutlichen die Zufriedenheit in den wichtigen Lebensbereichen. So erkennen wir, auf welcher Basis wir aufsetzen.
- **Ein Lebensrad aufzeichnen:** Ein Kreis symbolisiert das Leben. Verschiedene Abschnitte im Kreis stehen für Lebensbereiche wie Karriere, Gesundheit, Familie, Freunde, Finanzen ... Anhand einer Skala von 1 bis 10 wird jeder Bereich bewertet. Hier können direkt Entwicklungsziele abgeleitet werden.
- **Life-Mapping:** Man zeichnet eine Zeitleiste für das eigene Leben und markiert wichtige Ereignisse, Erfolge und Herausforderungen. Auch Scheitern darf und soll sogar bewusst gemacht werden. Es geht darum, Muster und Trends zu erkennen und die einzelnen Situationen zu

reflektieren mit dem Ziel, die eigenen Erfahrungen konkret für die Zukunftsgestaltung zu nutzen.
- **Rollen:** Wer bin ich und wie viele? Wir nehmen im Alltag unterschiedliche Rollen ein, was zu Konflikten führen kann. Machen Sie sich bewusst, welche Rollen Sie in Ihrem Alltag einnehmen. Beobachten Sie sich selbst ein paar Tage lang und notieren Sie alle Rollen, die Sie entdecken. Hilfreich ist es zudem, darauf zu achten, wie viel Zeit und Energie Sie in jede der Rollen stecken und welche Auswirkungen das auf die Zufriedenheit hat.

Vom Standort zum Ziel

Alle Übungen dienen dazu, Erkenntnisse zu gewinnen, die für ein erfülltes Leben hilfreich sind, zu erkennen, was wir schon gut machen und wo wir etwas verändern möchten:
- Journaling: Man führt eine Art Tagebuch, um die Gedanken, Gefühle, Erfahrungen und Ziele festzuhalten und regelmäßig zu reflektieren. Es geht darum, sich selbst (noch) besser kennenzulernen, bewusst innezuhalten und Gutes zu würdigen sowie Potenziale zu entdecken.
- Feedback einholen: Ehrliches Feedback von Freunden, Familie, Kollegen dazu, was sie an einem schätzen und wie sie Situationen und Verhalten beurteilen, kann sehr aufschlussreich sein.
- Die eigenen Stärken entdecken und herausfinden, wie sie auf das Verhalten und die Zufriedenheit einzahlen: Es geht auch hier darum, Handlungsfähigkeit herzustellen, statt ausgeliefert zu sein. Zu verstehen, was uns Energie kostet und was unser Belohnungssystem braucht. Die Stärken

managen. Was das genau bedeutet? Dazu kommen wir später im Kapitel 2.

Selbstbestimmung und Selbstverantwortung

Empowerment bedeutet auch, selbstbestimmte Entscheidungen zu treffen und die Verantwortung für die eigenen Entscheidungen zu übernehmen. Man wird vom passiven Beobachter zum aktiven Gestalter und übernimmt die Kontrolle über sein eigenes Leben. Das bedeutet zugleich, sich nicht herauszureden nach dem Motto „so bin ich halt", sondern regelmäßig zu überprüfen, „will ich so sein?" und welche Optionen habe ich, mich anders zu verhalten oder anders zu entscheiden. Das heißt: Raus aus der Opferrolle. Selbstbestimmung beginnt mit Prioritätensetzen.

Nach der Standortbestimmung folgt ein regelmäßiger Abgleich der Ziele und Prioritäten. Dafür braucht es Zeit und Reflexion. Und wichtig ist, dass die Ziele visualisiert und dadurch auch manifestiert werden.

Entscheidungen bewusster treffen

In einem Entscheidungstagebuch hält man wichtige Entscheidungen fest und reflektiert, welche Auswirkungen sie auf die verschiedenen Lebensbereiche haben können. Ziel ist es, das Bewusstsein für Entscheidungen und deren Konsequenzen zu erhöhen. So wird es immer einfacher, die „richtigen" Entscheidungen im Sinne der eigenen Ziele zu treffen.

Die eigenen Stärken schätzen lernen

Situationen zu reflektieren, die herausfordernd waren (ob zwischenmenschlich oder fachlich), hilft, besser zu verstehen, welche Verhaltensmuster uns unbewusst steuern. Auf dieser Basis geht es wieder darum, zu entscheiden, ob das Verhaltensmuster förderlich oder hinderlich für die eigenen Prioritäten und Ziele ist, und gegebenenfalls in die aktive Veränderung zu gehen. Je besser das gelingt, desto besser managen wir unsere Stärken und erhöhen das Wohlbefinden und die Zufriedenheit.

Entwicklung von Fähigkeiten und Kompetenzen

Empowerment beschäftigt sich mit Erfolgsrezepten. Dazu gehört auch der Aufbau von Wissen, die Erweiterung der eigenen Fähigkeiten und Kompetenzen. Dabei sind sämtliche Möglichkeiten der informellen oder formellen Bildung gemeint.

- **Mentoring:** Menschen, die als Sparringspartner ihr Wissen und ihre Erfahrung teilen, die in konkreten Situationen als persönliche wohlwollende Berater fungieren, können ungemein hilfreich sein.
- **Coaching:** Gerade im Bereich der Verhaltensveränderung, der Musteraufdeckung und beim Managen der Stärken sind erfahrene Coaches oft hilfreich. Vor allem, da sie neutral an Themen herangehen und Prozessunterstützung bieten und nicht mit Ratschlägen Lösungen von anderen präsentieren.
- **Fortbildung:** Damit sind Weiterbildungsmöglichkeiten aller Art gemeint.

Umgang mit Herausforderungen und Rückschlägen

Rückschläge gehören zum Leben. Empowerment beinhaltet deshalb auch die Fähigkeit, mit ihnen umzugehen und Herausforderungen anzunehmen, mit dem Ziel, daraus zu lernen, wieder aufzustehen und weiterzumachen. Je mehr wir lernen, dass das funktioniert (wir also selbstwirksam sind), desto schneller können wir uns auf diese Situationen einstellen (auch dazu mehr in Kapitel 2).

Was hilft uns dabei, uns den Herausforderungen des Lebens aktiv zu stellen?

Resilienz

Wir denken Resilienz umfassend. Techniken zur Stärkung der Resilienz, wie sie in speziellen Trainings angeboten werden, sind hilfreich. Aus dem Fokus der Positiven Psychologie führt uns dieser Begriff wieder zu unseren Stärken. Denn: Wenn wir z. B. verstehen, wie wir Situationen gut meistern können, wenn wir Selbstwirksamkeit erleben, wenn wir erfolgreich aus Krisen hervorgehen, dann sind wir resilient. Das heißt, wir lassen uns nicht unterkriegen, analysieren Situationen bewusst, schauen hin und suchen aktiv nach Lösungen, die wir dann umsetzen. Das stärkt die Resilienz und wir werden nach Rückschlägen schneller in die Lösungsfindung gehen können. Aber: Rückschläge und das bewusste Wahrnehmen gehören zu persönlichem Wachstum dazu. Es geht niemals ums Verleugnen, denn das wäre ein krampfhafter Versuch, alles positiv zu sehen. Das führt uns weg vom Empowerment. In der Psychologie wird das „toxische Positivität“ genannt.

Die Herausforderungen der Arbeitswelt und der Gesellschaft sind gestiegen, was zu einer Zunahme psychischer Belastungen führt. Als Antwort darauf hat sich das Konzept des Empowerments entwickelt, das darauf abzielt, Menschen zu stärken und ihnen die Kontrolle über ihr Leben und ihre Entscheidungen zu geben – durch Selbstreflexion, Standortbestimmung, Selbstbestimmung, die Entwicklung von Fähigkeiten sowie den Umgang mit Herausforderungen und Rückschlägen. Empowerment zielt darauf ab, Selbstwirksamkeit zu fördern und Menschen dabei zu helfen, ein erfülltes Leben zu führen, indem sie aktiv ihre Ziele verfolgen und ihre Stärken managen.

1.2 Wandel der Arbeitswelt und die Auswirkungen

Während der letzten Jahre hat sich die Arbeitswelt enorm schnell verändert. Was sich früher über mehrere Generationen etabliert hat – man denke beispielsweise an die erste industrielle Revolution, die ungefähr ein Jahrhundert angedauert hat –, geschieht jetzt innerhalb eines Jahrzehnts. Tendenz zunehmend. Man kann davon ausgehen, dass die Geschwindigkeit weiter anzieht, wenn man allein in Betracht zieht, was sich seit den frühen 2000er-Jahren an technologischen, wirtschaftlichen und sozialen Veränderungen ergeben hat. Viele dieser enormen Veränderungen haben erhebliche Auswirkungen auf die Menschen. Ein paar dieser Trends und ihrer Folgen wollen wir exemplarisch beleuchten.

Digitalisierung und Automatisierung

Durch die digitalen Fortschritte gab es verstärkte Verschiebungen in den Tätigkeiten. Vor allem die Automatisierung von Arbeitsprozessen, die erstaunlichen Ergebnisse von Künstlicher Intelligenz oder autonome Prozesse machen so manche Routineaufgabe obsolet. Menschen erleben Ängste, sind unter- oder überfordert, verunsichert und suchen ihren Platz in der modernen Arbeitswelt.

Erhöhte Flexibilität und Remote Work

Die Möglichkeiten, fast von überall arbeiten zu können, haben sich erst durch die Verbreitung von Internetnutzung und Entwicklung von Kommunikationstechnologien ergeben. Videokonferenztechnik, Kollaborationstools und schier grenzenlose Möglichkeiten der digitalen Zusammenarbeit führten zu einem Anstieg der Remote-Arbeit. Damit einher geht häufig die Flexibilisierung der Arbeitszeiten. In manchen Teams begegnen sich die Mitarbeitenden durch verschiedene Arbeitsorte und individuelle Arbeitszeitmodelle kaum mehr von Angesicht zu Angesicht. Neue Kompetenzen sind gefordert, wie z. B. ein gutes Selbstmanagement. Aber auch Führende stehen von neuen Herausforderungen. Es braucht eine neue Zusammenarbeitskultur, um Ziele zu erreichen, Krisen und Konflikte frühzeitig zu erkennen, den Teamspirit zu erhalten und vieles mehr.

Wissensarbeit auf dem Vormarsch

Einfache Arbeiten werden inzwischen häufig von Maschinen oder Softwareprogrammen übernommen. Die Fähigkeit, komplexe Probleme lösen zu können, sowie kreative und analytische Kompetenzen sind gefragter denn je. Dementsprechend steigt die Nachfrage nach sogenannten Wissensarbeitern. Dabei kommt es schon mal zu einer Schieflage im Unternehmen. Manche Bereiche sind trendiger und werden schnell mal gehypt, während die, die für den reibungslosen Ablauf in den Prozessen sorgen, zu Mauerblümchen werden können. Dabei wird häufig übersehen, dass genau diese Bereiche und Menschen wichtig sind, um Freiraum für Kreativität und Innovation zu schaffen.

Handwerker dringend gesucht

Ein weiteres Phänomen ist nach wie vor der Rückgang von fachlich ausgebildeten Handwerkern. Diese Berufe scheinen aktuell wenig attraktiv: körperlich anstrengende Arbeit, kein Homeoffice, kein festes Büro, schwierige Vereinbarkeit mit der Familie. Die Zahl der Auszubildenden im Handwerk sinkt, dafür steigen die Zahlen der Studierenden. Die aktuellen Entwicklungen mit KI zeigen jedoch: So schnell wird keine KI unser Bad fliesen, die Rohre reinigen bzw. die Heizung warten, das Dach decken oder Fußböden verlegen.

Allzeit „on“

So schön die Errungenschaft der Technologien also sind, so schnell können sie auch zur Last werden. Die unterschiedlichen Kommunikationskanäle, ständige Erreichbarkeit, die Verpflichtung, auch noch in Social Media präsent zu sein, und vieles mehr beschleunigen den Alltag der Menschen. Es wird Druck aufgebaut, dem nicht alle gleich gut standhalten können. Die Fear of missing out (FOMO) beschreibt, wie uns ständig vorgegaukelt wird, dass wir etwas Wichtiges verpassen könnten, wenn wir nicht *on* sind.

Von Verbundenheit zum Unternehmen zur Gig-Economy

Auch Online-Plattformen wie Uber, Airbnb, Projektplattformen und viele andere haben Auswirkungen auf die Art der Arbeitsverhältnisse. Kurzfristige Engagements auf freiberuflicher Basis lösen traditionelle, langfristige Beschäftigungsverhältnisse mit hoher Loyalität zum Arbeitgeber ab. Das hat sich besonders bei Fahrdiensten, Haushaltsdienstleistungen, Lieferdiensten, aber auch Projektmitarbeit etabliert. Häufig agieren hier unabhängige Auftragnehmer, die wenig Sicherheit oder Sozialleistungen erhalten. Andererseits erhöhen diese Modelle die Flexibilität noch mehr.

Spaß bei der Arbeit

Lang wurde diskutiert, dass die Generation Y mehr Fokus auf Spaß bei der Arbeit legt als die Generationen davor. Das wäre zu kurz gedacht. Die Gesellschaft wandelt sich: Auch 50+ will Spaß an der Arbeit haben. Wir wollen das deshalb nicht auf eine Generationendiskussion ausweiten. Was sich aber definitiv verändert, ist der Wunsch nach mehr Freiheit. Statussymbole werden weniger wichtig, Freizeit ist nicht mit Geld aufzuwiegen. Die Bereitschaft, regelmäßig Überstunden zu machen, schwindet. Wir leben nicht nur, um zu arbeiten. Die individuellen Bedürfnisse gewinnen an Bedeutung. Das kann für Führung herausfordernd sein, denn im beruflichen Umfeld können zwangsläufig nicht alle Einzelbedürfnisse berücksichtigt werden. Kompromisse sind zu finden, Verständnis füreinander und Toleranz sind wichtige Themen.

Die Arbeitswelt hat sich in den letzten Jahren rapide gewandelt – mit tiefgreifenden Auswirkungen auf die Menschen. Digitalisierung und Automatisierung führen zu neuen Herausforderungen und Ängsten, während erhöhte Flexibilität und Remote-Arbeit neue Arbeitsmodelle schaffen. Der Aufstieg der Wissensarbeit wird von einer steigenden Nachfrage begleitet, während traditionelle Handwerksberufe an Attraktivität verlieren. Die ständige Erreichbarkeit und die Gig-Economy bringen zusätzlichen Druck und Unsicherheit. Trotzdem wächst das Bedürfnis nach Freiheit und individueller Erfüllung am Arbeitsplatz, was Führungskräfte vor neue Herausforderungen stellt.

1.3 Warum Empowerment eine Zukunftskompetenz ist

Und genau diese und weitere Entwicklungen beantworten eigentlich schon die Frage aus der Überschrift. „Wer nicht mit der Zeit geht, der geht mit der Zeit." Dieses alte Sprichwort wird häufig dafür verwendet, wenn es um die Anpassungsfähigkeit an den Fortschritt, insbesondere in Bezug auf Technologien und gesellschaftliche Veränderung, geht. Es soll aussagen, dass wir Veränderungen akzeptieren und uns weiterentwickeln müssen.

Aus unserer Sicht trifft es in dramatischer Weise auch auf das Thema Empowerment zu. Empowerment ist eine Kompetenz, die uns hilft, uns einerseits den Entwicklungen zu stellen, dies andererseits aber auch bei bester psychischer und physischer Gesundheit zu tun. Denn keinem ist geholfen, wenn wir im Burn-out oder Burn-on landen. Die Folgen sind die gleichen: Tiefe Erschöpfung bis hin zur Depression. Der Weg dorthin verläuft unterschiedlich.

Burn-out – schleichend zur totalen Ausgebranntheit

Durch anhaltenden Stress, dauerhafte Überbelastung und Überforderung gleitet man langsam, aber stetig in einen Zustand der physischen, emotionalen und mentalen Erschöpfung. In der Regel sind die Übergänge der Stufen, die zu einem Burn-out führen, schleichend und wir nehmen die Gefahr nicht wahr. Burn-out ist häufig auch mit Frust verbunden, mit dem Gefühl der Hilflosigkeit. Wir versuchen erst gar nicht, Situationen zu verändern, die uns nicht guttun, weil wir uns machtlos fühlen. Das Fatale daran: Man gibt auf, die Passivität übernimmt die Führung, man ist unzufrieden. Unser Belohnungssystem liegt völlig brach.

Burn-on – mit Vollgas in die totale Erschöpfung

Aus völlig anderen Gründen, aber mit denselben Folgen, landen wir ebenfalls in einem Zustand der totalen Erschöpfung, sodass selbst das Aufstehen am Morgen zum Kampf werden kann. Diesmal ist unser körpereigenes Belohnungssystem voll unter Feuer und schüttet einen wahren Cocktail an Opiaten aus. Sie lesen richtig: Opiate. Wenn wir unsere

Stärken voll ausleben können und dadurch immens erfolgreich sind, tanzt unser Belohnungssystem Lambada. Es fühlt sich so gut an, wie alles so läuft, wie die Erfolge von selbst kommen. In diesem Rausch kann es schon mal passieren, dass wir nicht merken, dass wir so nebenbei unsere kompletten Energiereserven aufbrauchen.

Empowerment im Job

Und genau aufgrund dieser verschiedenen Belastungen und Herausforderungen wird Empowerment nicht nur als Konzept, sondern auch als Kompetenz verstanden. Und es wird weiter gedacht als nur als Lösung für das Individuum. Denn auch Führungskräfte und Unternehmen möchten Mitarbeitende ermächtigen, die Kontrolle über ihr Arbeitsleben, ihre Entscheidungen und ihre Handlungen zu übernehmen. In agilen Arbeitswelten sollen sie selbstverantwortlich und mit möglichst wenig Führung selbstständig arbeiten. Ziel ist es, dass einzelne Mitarbeitende, aber auch ganze Teams die zur Verfügung stehenden Fähigkeiten, Stärken und Ressourcen optimal nutzen, um Ziele zu erreichen und erfolgreich zu sein.

Empowerment im beruflichen Umfeld ist ein sinnvolles Konzept, denn es:

- trägt dazu bei, die intrinsische Motivation, also den Antrieb aus dem Menschen selbst heraus, zu steigern. Fühlen sich Mitarbeitende gehört und geschätzt, sind sie nachweislich engagierter und übernehmen leichter Verantwortung. Das erzeugt ein Gefühl der Selbstbestimmung (natürlich immer im Rahmen des Unternehmenskontextes), was zu höherer Arbeitszufriedenheit und letzten Endes zu gesteigerter Produktivität führt.

- unterstützt die Entwicklung eines starken Teams, das eigenständig und kollaborativ Entscheidungen finden, treffen und umsetzen kann. Das stärkt eine Kultur des Vertrauens, des Zusammenhalts und des guten Umgangs mit Fehlern, was wiederum Voraussetzung für High-Performance-Teams sind.

- fördert Innovation, Kreativität und kontinuierliche Verbesserungen, da alle Mitarbeitenden im Team ermächtigt und aufgefordert werden, ihre Ideen einzubringen und auch kritische Themen anzusprechen. Empowerment im Job ermutigt Mitarbeitende auch, neue Wege auszuprobieren, Risiken abzuwägen und unkonventionelle Lösungsansätze zu verfolgen. Das kann für Unternehmen zum entscheidenden Wettbewerbsvorteil führen.

- erhöht die Flexibilität und Anpassungsfähigkeit des Teams, was man mit Team-Resilienz auch gut beschreiben könnte. Unsere Arbeitswelt ist nicht mehr linear und einfach. Um der gesteigerten Komplexität und der Schnelligkeit von Veränderungen gerecht zu werden, brauchen Unternehmen Mitarbeitende, die flexibel sind, um die Ecke denken können und proaktiv dabei sind, anstatt auf Anweisung von oben zu warten.

- sorgt für ein gesundes Arbeitsumfeld, denn Mitarbeitende, die in solch einem Umfeld arbeiten, können auch mit der eigenen Energie und den individuellen Stärken besser umgehen bzw. miteinander darüber sprechen. Das bedeutet auch, dass offener und achtsamer miteinander umgegangen wird. Empowerment wirkt nachweislich positiv auf die psychische Gesundheit und reduziert das Gefühl der mentalen Überlastung.

Empowerment wird in einer sich schnell wandelnden Arbeitswelt zunehmend als entscheidende Zukunftskompetenz erkannt. Dabei geht es nicht nur um die Kompetenz des Einzelnen, sondern auch um die Gestaltung des Umfelds und letzten Endes auch des sozialen Miteinanders.

In einer Ära zunehmender Herausforderungen sowohl in der Arbeitswelt als auch in der Gesellschaft stehen immer mehr Menschen psychischen Belastungen gegenüber, die zu ernsthaften Problemen wie Burn-out und Depressionen führen können. Als Antwort auf diese wachsenden Schwierigkeiten hat sich das Konzept des Empowerments entwickelt, das darauf abzielt, Menschen zu stärken und ihnen die Kontrolle über ihr Leben zurückzugeben. Dabei geht es um Selbstreflexion, Standortbestimmung, Selbstbestimmung, die Entwicklung von Fähigkeiten sowie den Umgang mit Herausforderungen und Rückschlägen.

Darum ist Empowerment hilfreich:

- Die Welle reiten: Bewusst hinzuschauen und aktiv Veränderungen einzuleiten – das bedeutet es, wenn wir uns der Realität stellen.
- Psychisch und physisch gesund bleiben: Indem wir verstehen, wie Burn-out und Burn-on entstehen und die Warnzeichen richtig deuten, arbeiten wir aktiv daran, gesund zu bleiben.
- Erfolgsfaktor im beruflichen Umfeld: Reflexion und Selbstmanagement ermöglichen uns, die zur Verfügung stehenden Fähigkeiten, Stärken und Ressourcen zum Wohl des Teams einzusetzen und dabei aufzublühen.
- Steigerung der intrinsischen Motivation: und damit Erhöhung von Innovationskraft und Flexibilität.
- Es unterstützt uns dabei, langfristig zufrieden und erfolgreich zu sein.

2. Potenzialentfaltung und Selbstwirksamkeit im Körper

Unsere moderne Industrie sowie die Wirtschaft zeichnen sich durch enormes Effizienzdenken aus. Wir wollen maximalen Output bei möglichst wenig Input. Genau dieses leistungsorientierte Denken haben wir Menschen in der Arbeitswelt auch auf uns bezogen, Und wer nichts leistet, ist in unserer Gesellschaft vermeintlich auch weniger wert. Unserem Gehirn liegt effizientes Denken. Allerdings beachten wir häufig nicht die individuellen Ausprägungen. Kennen wir unser System können wir es uns zunutze machen und somit auch im Sinne der Körperenergie effizient handeln.

2.1 Hin zu ... und weg von ...

Die meisten von uns denken wenig über Motive im alltäglichen Handeln nach. In der Businesswelt hat sich etabliert, dass wir den Purpose, also den Zweck unserer Handlungen reflektieren, um damit eine höhere Identifikation mit unserer Arbeit zu erhalten. Und genau das ist der Punkt: Wir agieren bzw. reagieren meistens auf externe Reize, also zweckgebunden. Wir arbeiten, weil die nächste Miete bezahlt werden muss, Vorgesetzte uns die Aufgabe gegeben haben, wir nun mal den Beruf erlernt haben und ihn ausfüllen oder weil man es eben so macht und es dazugehört. Doch all diese Argumente sind kopfgesteuert bzw. von außerhalb vorgegeben. Was wäre, wenn wir jetzt innerhalb des gewählten Berufs vorzugsweise in den Bereichen arbeiten dürfen, die uns liegen? Tätigkeiten, in denen wir Freude und Spaß empfinden und von denen wir liebend gern noch mehr übernehmen würden? Und warum sollten wir aus der Perspektive unseres Körpers überhaupt arbeiten?

Vom Motiv zur Handlung

Wir müssen uns klarmachen, dass im Gehirn unterschiedliche Areale für diese zielgerichteten Handlungen zuständig sind. Wir werden an dieser Stelle nicht in die Tiefen der Gehirnforschung absteigen. Das wäre auch zu kurz gedacht, denn bei der Erforschung menschlichen Verhaltens spielen noch andere wissenschaftliche Disziplinen eine Rolle. Aber die Kenntnisse gewisser Grundfunktionen und Hauptakteure im Gehirn bzw. Körper sind für die Reflexion bzw. den Transfer auf die eigenen Handlungen und Muster sinnvoll und wichtig.

Unser Gehirn arbeitet nach Mustern, beispielsweise nach dem Schema Reiz-Reaktion. Reize können dabei sowohl positiver als auch negativer Art sein. Wir müssen differenzieren, ob uns ein Reiz zu einem Ziel hinführt oder aber von einer potenziellen Gefahrenquelle fernhält.

Positiv motivieren

Wenn wir über Empowerment sprechen, dann meinen wir damit, dass wir ein positiv gerichtetes Motiv als Antrieb für unser Handeln haben. Wir wollen hin zu einem Ziel und sind dadurch intrinsisch motiviert. Wir erleben Antriebsenergie, unabhängig davon, ob uns jemand sagt, dass wir etwas tun sollen.

Wahrgenommenes wird bewertet

Aus neurobiologischer Perspektive bedeutet das: Die Amygdala, ein mandelförmiger Teil des limbischen Systems, verarbeitet die unterschiedlichen Sinnesreize, denen wir im Alltag begegnen. Die aufgenommenen Informationen werden emotional bewertet und je nach Ergebnis werden Signale für folgende Handlungen eingeleitet.

Absolut tonangebende Bewertungen sind Gefahr, Angst oder verschiedenen Formen des Stresses. Je nach Einstufung des Risikos (Achtung: Hier geht es um nichts weniger als das Überleben!) startet das Gehirn einen höchst effizienten Modus:

- Reflexe werden hochgefahren.
- Sauerstoff wird umgelenkt in die Extremitäten.
- Die Frequenz des Herzschlags wird erhöht.
- Die Atemfrequenz steigt.
- Und je nach hinterlegtem „Programm" werden die Muskeln zur Verteidigung oder zur Flucht aktiviert oder die Schockstarre eingeleitet.

Muster entstehen

Kurz gesagt: Wir erleben einen Reiz und dieser löst ein Motiv aus (gekoppelt z. B. mit einem Adrenalinstoß). Ist die Situation wenig erstrebenswert oder gar gefährlich, folgt eine Handlung, die uns „weg von" etwas bewegt. Diese Bewertung und das darauffolgende Erleben der Situation leitet die Amygdala zusätzlich zur Speicherung ins Gehirn weiter. Somit kann dieser Reiz beim erneuten Auftreten schneller bewertet und die „passende“ Reaktion gestartet werden. Es wird ein Muster aufgebaut. Tritt dieser Reiz erneut auf und läuft die Situation dann auch noch ähnlich ab, erleben wir eine Bestätigung des Musters und im Gehirn werden die dazugehörigen Gehirnareale bzw. die synaptischen Verbindungen immer weiter ausgebaut. Das Muster prägt sich ein. Wir haben etwas gelernt.

Die gute Nachricht

Glücklicherweise müssen wir Menschen nicht nur auf unangenehme Reize reagieren, um in Bewegung zu kommen. Denn es ist auch ein System im Gehirn dafür zuständig, dass wir in die Richtung positiver Resonanz handeln. Was ist der Unterschied? Wird ein Reiz nicht als Bedrohung eingestuft, erhalten verschiedene Areale im Gehirn, unter anderem der Nucleus accumbens, beispielweise den körpereigenen Botenstoff Dopamin. Dopamin ist ein Signal für eine Belohnungserwartung: Wir haben ein Motiv, uns auf etwas zuzubewegen.

Innerer Antrieb als Motor

Damit ist der Startschuss gefallen für den inneren Antrieb. Und dieser Antrieb lässt uns hoch motiviert sein, denn wir rechnen damit, dass am Ende des Weges etwas Großartiges passiert. Und genau das ist es, was alle haben wollen – intrinsische Motivation, etwas aus sich selbst heraus wollen, statt Anweisungen zu folgen. Übersetzt auf die Körperreaktionen heißt das, es werden bei Erreichen des Zieles körpereigene Opiate, sogenannte Endorphine, ausgeschüttet. Diese Endorphine sind elementar wichtig und werden umgangssprachlich auch Glückshormone genannt. Sie haben verschiedenste Auswirkungen auf den Körper. So gelten sie nicht nur als angstlösend und reduzieren beispielsweise das Schmerz- sowie das Stressempfinden. Sie fördern auch das Wohlbefinden und können sogar einen Zustand der Euphorie auslösen. Und auch an diesen Zustand erinnert sich unser Gehirn gerne zurück und baut positive Muster auf (siehe Kapitel 3: Der „Broaden & Build"-Effekt, S. 67).

Körpereigenes Doping

Endorphine sind im positivsten Sinne des Wortes eine körpereigene Droge, die im Übrigen auch klar in Verbindung steht mit gesunder Ernährung und Sport. Mitunter sind Endorphine auch für das sogenannte „Runner's High" verantwortlich: der Zustand, den Menschen nach 40 bis 60 Minuten Ausdauersport erreichen können, wenn sie dabei an ihre Leistungsgrenze gegangen sind. Das ist der Punkt, an dem die Endorphine für eine Schmerzlinderung sorgen. Vielleicht kennen Sie das Gefühl auch? Sie sind nach dem Sport zwar körperlich erschöpft, aber ansonsten absolut zufrieden.

Wichtige Fragen zur Reflexion

Entscheidend ist, sich die Muster bewusst zu machen. Der erste Schritt ist deshalb die Wahrnehmung, was geschieht. Erinnern Sie sich an eine Situation, bei der Sie nach dem

Prinzip „weg von ...“ gehandelt haben? Betrachten Sie diese nun aus etwas Distanz:

- Was waren die Trigger oder Stressoren, die einen Reiz ausgelöst haben? Das können z. B. Worte, Gesten, Mails, Reaktionen eines anderen u. Ä. sein.
- Was ist dann passiert? Tendieren Sie in der Situation eher zu Flucht (Rückzug), Kampf (Gegenangriff) oder Erstarrung (Ohnmacht)?
- Und reagieren Sie immer gleich?
- Ist es Ihnen schon einmal gelungen, anders zu reagieren? Wann genau? Was war da anders?
- Hängt die Reaktion vielleicht an konkreten Personen oder Situationen?
- Und wie würden Sie gerne reagieren? Was steht dem im Weg?

Je besser Sie die Situation kognitiv verstehen, desto gezielter können Sie die Neubewertung des Reizes anstoßen und so ein neues Muster bilden.

Wichtig: Bewusst-Werden hilft heraus aus dem Getrieben-Sein. Wenn es nicht gleich klappt, nicht aufgeben! Das Gehirn verteidigt seine Muster und es hilft nichts, sich selbst dafür zu verurteilen. Neuer Versuch, neue Chance.

Die jeweilige Beurteilung und Einordnung von Situationen haben grundlegend unterschiedliche Folgen. Das Vermeiden von etwas Negativem kann starke Handlungsimpulse her-

vorrufen. Die Erwartung von Belohnung in Form von körpereigenen Endorphinen wiederum führt zu intrinsischer Motivation. Sie ist die intensivste Form der Motivation, weil sie im Körper positiv spür- und erlebbar ist.

2.2 Das Konzept der Stärken

Stärken sind in der Wissenschaft grundsätzlich nicht einheitlich definiert. Im allgemeinen Sprachgebrauch werden Stärken häufig synonym mit speziellen Eigenschaften genannt, die einem liegen. Es begegnet einem auch der Begriff der natürlichen Talente. In der Positiven Psychologie spricht man von Charakterstärken und wieder andere definieren Stärken als Ergebnis aus Wissen, Talent und Können (vgl. Groth, 2009).

Es könnte alles so einfach sein

Jeder von uns kennt das: Es gibt Aufgaben die liegen uns, die übernehmen wir gerne und erledigen sie umgangssprachlich mit links. Man könnte sagen, es ist eine Stärke von uns. Doch was genau steckt dahinter? Der Tradition des vorherigen Kapitels folgend, betrachten wir wieder die neurowissenschaftlichen Komponenten des menschlichen Systems bzw. des Handelns. Wir haben bereits gelernt, dass wir bei Aussicht auf Erfolg aus uns selbst heraus motiviert sind und eine enorme Antriebsenergie zur Verfügung gestellt bekommen. Aus diesem Grund ist das menschliche Motivationssystem eine wichtige Säule, wenn wir von Stärken sprechen.

Unterschiedliche Gehirnareale

Eine weitere Komponente bildet der Aspekt der Gehirnpräferenzen. Dass es verschiedene Gehirnhälften gibt – in der einen Seite werden Zahlen, in der anderen Hälfte Emotionen verarbeitet –, hält sich als Mythos hartnäckig. Richtig ist, von unterschiedlichen Gehirnarealen zu sprechen, die unterschiedlich miteinander interagieren.

Bei jedem von uns gibt es Bereiche im Gehirn, die wir wesentlich leichter ansteuern und sie dementsprechend einfacher, also mit weniger Energieaufwand nutzen können. So sind manche Menschen wahre Ordnungskünstler, die scheinbar mühelos Strukturen aufbauen und sie auch kompromisslos einhalten können. Im Gegenteil, es stresst sie sogar, wenn keine Strukturen vorhanden sind und das Chaos regiert. Andere Menschen erleben beispielsweise einen Drang nach kreativer Freiheit und können ständig neue Dinge beginnen, ohne sie fertig machen zu müssen. Sie lassen sich dann oftmals ungern in enge Strukturen pressen.

Anhand dieser Vorüberlegungen definieren wir Stärken wie folgt:

Stärken = Kombination aus Belohnungssystem und Gehirnpräferenzen

Kombination mit Können

Wie eingangs erwähnt, gibt es Modelle, die in puncto Stärken auch den Bereich des fachlichen Könnens integrieren. Das ist bei unserem neurowissenschaftlichen Ansatz nicht der

Fall. Wir können uns motorische Fähigkeiten aneignen. So sind Soft Skills erlernbar, wie z. B. Empathie in der Führung. Auch fachliche Fähigkeiten können wir uns erarbeiten und haben mit dem Gelernten dann neue Muster in unserem Gehirn gebildet. Allerdings sagt es noch nichts darüber aus, ob die Anwendung des Erlernten uns leicht- oder schwerfällt und ob eine Belohnungserwartung damit kombiniert ist.

Frust durch Vernachlässigen der Stärken

Im beruflichen Alltag erleben wir viele Menschen, die fachlich sehr gut ausgebildet sind. Dennoch arbeiten sie nicht immer gerne, fühlen Frust und Unmotiviertheit. Wir könnten das auf das Umfeld schieben, auf schlechte Bezahlung oder unfähige Führungskräfte. Doch das wäre nicht fair. Wir beobachten immer wieder, dass die Menschen häufig nicht in ihren Stärken arbeiten.

Ein konkretes Beispiel aus der Praxis:

Elke, 58 Jahre, ist Volljuristin. Sie ist dem Vorbild ihres Vaters gefolgt, hat Jura studiert und es auch bis zum Ende durchgezogen. Sie hat einen sehr gut bezahlten Job in einer produzierenden Firma und ihre Aufgabe ist es, Verträge zu erstellen, Verhandlungen zu führen und die getroffenen Vereinbarungen dann auch durchzusetzen. Sie verdient sehr gut, hat zwischenzeitlich Kinder bekommen, die mittlerweile studieren, und lebt mit ihrem Mann in einer wundervollen großen Stadtwohnung mit Terrasse. Also alles super, oder? Leider nein, denn glücklich ist sie nicht. Immer häufiger quält sie sich morgens schon mit dem Aufstehen.

Das Wochenende kann sie nicht richtig genießen, denn sie weiß ja schon, dass danach der Montag folgt. Auf ihrem Arbeitsweg kommt sie täglich an einer Suppenküche mit integriertem Kinderspielplatz vorbei. Immer wieder reizt es Elke, dort anzuhalten und ihre Mithilfe anzubieten. Doch eine Stimme in ihr warnt sie, denn es ergibt keinen Sinn, ihren „guten" Job aufzugeben. Ein ehrenamtliches Engagement lassen ihre Arbeitszeiten nicht zu. Sie hat auch schon über eine Arbeitszeitreduzierung nachgedacht. Da spielen ihre Vorgesetzen jedoch nicht mit.

Prioritätenverlagerung

Elkes persönliche Motive sind stark von zwischenmenschlicher Interaktion geprägt. Sie liebt es, für andere Menschen etwas zu bewirken, zu helfen, gemeinschaftlich umzusetzen. Auch das war ein Grund, weswegen sie leidenschaftlich Jura studierte: Sie wollte etwas im Sinne der Menschen bewegen. Zu Beginn ihrer Berufslaufbahn war genau das Teil ihrer Aufgaben. Ihr selbst ermöglichte ihr Arbeitgeber über die Jahre hinweg sehr viel positive Unterstützung. Weiterentwicklungschancen, Elternzeit und Rückkehr in den Job waren selbstverständlich. Sie hat sich in diesem Umfeld immer wohlgefühlt. Leider haben sich ihre Aufgaben während der letzten Jahre ziemlich verändert und sie hat nicht mehr das Gefühl, etwas positiv bewegen zu können. Noch dazu ist sie an ihrem Arbeitsplatz immer öfter allein. Mit Menschen hat sie außerhalb der Verhandlungen kaum mehr zu tun. Und Letztere werden immer härter und effizienzorientierter.

Du kannst alles, wenn du es nur willst

Dieser Glaubenssatz hat Elke sehr erfolgreich gemacht. Immer wieder motivierte er sie, die Herausforderungen, die das Leben mit sich brachte, zu bewältigen. Sie weiß, sie beherrscht ihren Job, allerdings interessiert das ihr Belohnungssystem wenig; die Ausschüttung von körpereigener Belohnung ist auf dem Tiefpunkt angelangt. Außerdem merkt sie, dass die Erledigung der Aufgaben sie viel Konzentration und Energie kostet. Sie arbeitet kaum noch in ihren natürlichen Stärken. Ihre Hauptmotive – für andere da zu sein, im Team zu werkeln, sich auszutauschen und gemeinschaftlich, auch mal kooperativ Ergebnisse zu erreichen – werden nur sehr selten befriedigt. Sie spürt einen immer stärker werdenden Drang, etwas verändern zu müssen, vielleicht sogar ihren gut bezahlten Job zu kündigen.

Wenn Antrieb Energie kostet

Vorhin sprachen wir davon, dass Dopamin uns Antriebsenergie liefert. In unserem Beispiel bekommt Elke aus ihrem System kein Dopamin, also keinen Antrieb. Sie muss sich immer wieder selbst aufraffen. Ihr System stellt ihr Vermeidungsenergie zur Verfügung (Stresshormone). Diese muss sie zusätzlich überwinden, um zur Arbeit zu fahren. Unglücklicherweise ist die früher so großartige Firma mittlerweile für sie so negativ besetzt, dass sie diesen Ort am liebsten meiden möchte. Und dass, obwohl sie gerne Leistung erbringt und sehr gut in ihrem Beruf ist. Aber die Aussicht auf die kräftezehrende Arbeit und das fehlende soziale Umfeld versprechen wenig Erfolg auf Belohnung. Zielerreichung ist zwar ein schöner Effekt, aber für das körpereigene System nicht annähernd so wichtig wie das Befriedigen von Bedürfnissen und Motiven.

Unsere Stärken basieren auf Motiven, die unbewusst unser körpereigenes Belohnungssystem aktivieren, sowie auf unseren Gehirnpräferenzen. Die Stärken sind dafür verantwortlich, ob wir viel oder wenig Antriebsenergie für das Erledigen einer Aufgabe haben. Grundsätzlich können wir fachliches Wissen sowie die dazugehörigen Kompetenzen erlernen. In der Ausübung der Tätigkeiten sollten aber unsere Motive eine Rolle spielen, andernfalls kostet es uns extrem viel Energie und unser System möchte sich lieber weg von der Aufgabe statt darauf zu bewegen.

2.3 Belohnung geht über alles

Der Ablauf von Reiz und Reaktion ist typisch für den menschlichen Organismus und beschreibt zahlreiche Abläufe sowohl im Körper als auch im Gehirn. Faszinierend dabei ist, dass viele dieser mittlerweile wissenschaftlich nachweisbaren Phänomene bereits allgemein bekannt sind. Nahezu jeder von uns kennt die Sehnsucht nach dem nächsten Urlaub. Die Vorfreude kann uns über Monate hinweg motivieren, den Alltag erfolgreich zu meistern. Allerdings ist ein Urlaub dann oft nur eine Ablenkung vom stressigen Alltag, eine Auszeit zum Auftanken oder einfach „nur“ eine dringend nötige Pause, um danach wieder bis zum nächsten

Urlaub durchzuhalten. Also keine richtige Motivationsquelle, die uns zu einem zufriedenen Leben führt. Das Ziel sollte sein, dauerhaft Freude und Wohlbefinden zu erleben und nicht nur 30 Tage im Jahr. Doch wie stellen wir das an?

Handlungsenergie durch Vorfreude

Auch im Alltag haben wir die Möglichkeit, unser körpereigenes Belohnungssystem zu nutzen und zu aktivieren: Nämlich indem wir in unseren Stärken agieren. Dazu müssen wir jedoch verstehen, wie das geht. In Versuchen mit Ratten hat man in den 1950er-Jahren bereits festgestellt, dass die Erwartung der Aktivierung des Belohnungssystems bereits eine unglaubliche Handlungsenergie, also Motivation freisetzt – das ist die umgangssprachliche Vorfreude. Dazu wurde die Ratte in eine Box mit zwei Hebeln und darüber hängenden Lichtern gesetzt. Zudem hatte sie eine Elektrode ins Gehirn gepflanzt bekommen. Immer wenn Licht anging und die Ratte den darunter liegenden Hebel drückte, wurde sie mit einem elektrischen Impuls im Gehirn belohnt.

Belohnung bis zur Erschöpfung

Wer jetzt meint, dass dies der Ratte geschadet hätte, dem sei gesagt: Die Ratte hat es geliebt. Sie musste sogar irgendwann vor ihrer eigenen Handlung geschützt werden, denn sie drückte den Hebel bis zur totalen Erschöpfung und konnte es nicht erwarten, dass erneut das Licht anging. Sie wäre rettungslos in den oben beschriebenen Burn-on gelaufen (= hoch motiviert, aber körperlich total erschöpft).

Intrinsische Belohnung suchen

Übertragen auf uns Menschen können wir schlussfolgern: Für Erfüllung und Zufriedenheit brauchen wir die Aktivierung unseres Belohnungssystems. Wichtig ist: Diese Art von Belohnung kann und darf nicht nur von außen erfolgen, beispielsweise über Geld oder andere Statussymbole (extrinsische Motivation). Denn letzten Endes machen diese uns nicht langfristig zufrieden. Im Gegenteil: Wenn keine Steigerung mehr erfolgt, erzeugt dies Frust und Demotivation (deshalb gehen Unternehmen mit Lohnsteigerungen und Incentives oftmals vorsichtig um). Nutzen wir jedoch zum Großteil unsere Stärken, was unsere Bedürfnisse und Motive befriedigt, schüttet unser System körpereigene Endorphine aus. Die Folge: Wir sind glücklich – und zwar nicht nur ab und zu im Urlaub, sondern so oft uns das gelingt. In Hinblick auf Empowerment wissen wir nun also, dass es wichtig ist, die eigenen motivgesteuerten Stärken zu nutzen, da diese durch die Erwartung auf eine Belohnung eine unglaubliche Antriebsenergie zur Verfügung stellen. Doch was passiert, wenn die Befriedigung unserer Motive ausbleibt?

Ersatzbefriedigungen sind überall

Komplett gelöst ist das Rätsel um die Motive sowie die Möglichkeit von Ersatzbefriedigungen noch nicht. Dennoch weiß man, dass Menschen, die frustriert sind und wenig Freude und Spaß in ihrem Leben haben, stärker zu Ersatzbefriedigungen neigen: von Nikotin oder Alkohol über Sport bis zu übermäßigem Essen. Jede dieser Substanzen hat ihre eigene Wirkung, ob hemmend und damit entspannend wie Alkohol oder energiespendend wie kurzkettige Kohlenhydrate, Zucker und übermäßige Nahrungsaufnahme. Natürlich gibt es auch illegale Substanzen, die als Ersatzbefriedigung hergenommen werden können. Aber Fakt ist, dass das menschliche Belohnungssystem nicht langfristig auf gesunde Art ausgetrickst werden kann. Aus diesem Grund ist es so wichtig, seine Stärken zu managen, um die gesunde Antriebsenergie zu nutzen.

In Versuchen mit Ratten konnte belegt werden, dass die Motivation auf der Basis einer körpereigenen Belohnung mittels Ausschüttung von körpereigenen Opiaten so mächtig ist, dass man bis zu Erschöpfung nach ihr strebt. Bei Menschen werden ebenfalls Endorphine ausgeschüttet, wenn sie in ihren Stärken arbeiten und damit ihre Motive befriedigen. Im Sinne des Empowerments ist das Arbeiten in den eigenen Stärken folglich eine enorme Unterstützung und Energiequelle, die zu einer zufriedenen, selbstgesteuerten Lebensweise führt.

2.4 Intuition versus Fakten

Wir sprachen davon, dass Ratten im Versuch kein Ende fanden. Sie hatten zwar Antriebsenergie, waren am Ende jedoch dennoch erschöpft. Und genau hier liegt ein weiterer Unterschied zu den Stärken, die auf dem psychologischen Konstrukt der Introversion und Extraversion basieren.

Antriebsenergie vs. Körperenergie

Es gibt viele Modelle, die versuchen, Persönlichkeit und Verhalten zu erheben bzw. zu erklären. Häufig heißt es, dass extrovertierte Menschen ihre Energie unter vielen Menschen oder auf der Bühne ziehen. Doch das ist so nicht korrekt. Sie erleben dort den Zustand von Zufriedenheit bzw. die Ausschüttung körpereigener Opiate. Ihre Energie ist dennoch irgendwann erschöpft. Denn immer im Rampenlicht zu stehen, ist mitunter anstrengend. Wir erinnern uns: Die Ratte wollte nicht aufhören, zu groß war der „Suchtfaktor" nach Belohnung. Wie ist das bei Menschen? Tatsächlich sehr ähnlich. Häufig nehmen auch Menschen ihre persönlichen Grenzen bzw. den Füllstand ihres körpereigenen Akkus nicht wahr. Wie sonst ist es erklärbar, dass Menschen bis zur absoluten Erschöpfung arbeiten, obwohl sogar schon das Umfeld deutliche Stoppsignale sendet? Viele von uns gehen mit dem Akku ihres Smartphones pfleglicher um als mit ihrem eigenen.

Sich selbst bewusst werden

Um unsere Potenziale selbstwirksam zu entfalten, ist es unabdingbar, sich selbst besser kennenzulernen. Wir müssen einerseits reflektieren, was wir fachlich draufhaben. Andererseits ist es wichtig, dabei auch zu beachten, was uns liegt, was uns besonders viel Energie kostet und was (zu) anstrengend ist. Dabei gilt es auch herauszufinden, was uns leichtfällt, weil es uns von Natur aus liegt, oder was wir bis zur Perfektion geübt haben und uns deshalb recht mühelos erscheint. Diese Dinge müssen nicht unbedingt unseren natürlichen Stärken entsprechen. Das merken wir daran, dass es irgendwann doch anstrengend wird und keinen Spaß mehr macht.

Was will ich wirklich?

Beispiel: Wenn jemand seine natürliche Stärke eher im kreativen und innovativen Bereich hat, kann er trotzdem ein richtig guter Organisator sein. Weil das hilft, die eigene Stärke zu managen. Wenn aber zu viele organisatorische Aufgaben anstehen und die Kreativität oder der Austausch verloren geht, wird es anstrengend und Fehler passieren. Es ist deshalb wichtig, genau hinzuschauen. Denn nur wenn es uns gelingt, uns selbst wirklich bewusst zu machen, was wir können und was unser Körper benötigt, ist auch auf lange Sicht eine maximale Leistung in Kombination mit Zufriedenheit möglich.

Auf die Mischung kommt's an

Dabei wird es nie so sein, dass wir einen Beruf ausüben können, in dem alle Aufgaben komplett unseren Hauptstärken entsprechen. Das ist auch nicht schlimm, denn wir beherrschen auch die Aufgaben, die uns weniger liegen. Und es ist wichtig, auch Aufgaben auszuführen, die uns weniger liegen. Unser System sollte nämlich nicht dauerhaft in einer Belohnungserwartung und Ausschüttungsschleife sein. Sonst ergeht es uns wie der Ratte. Die Ausschüttung der Endorphine und das Erleben des sogenannten Runner's High sind für den Körper auf Dauer anstrengend. Daher sind sowohl Ruhepausen zwischendurch wichtig als auch Aufgaben, in denen das Belohnungssystem nicht kontinuierlich angesprochen wird.

Der Kopf ist willig, aber das Fleisch ...

Theoretisch wissen wir, dass wir auf uns achtgeben müssen, dass gesunde Ernährung und ausreichend Bewegung sowie erholsamer Schlaf die Säulen für ein gesundes Leben sind. Aber gelingt Ihnen das immer? Denken Sie doch mal an stressige Lebensphasen. Ist es Ihnen dabei gelungen, auf sich selbst zu achten? Leider passiert bei den meisten Menschen genau das Gegenteil. Egal, ob es emotional stressig ist, ob Existenzängste ausgelöst werden, in der Firma der große Krankenstand ausgebrochen ist und sie für alle die Welt retten müssen ... In den seltensten Fällen berichten uns Klienten, dass sie gerade in stressigen, energieraubenden Situationen auf sich selbst achten konnten. Wer nimmt sich schon eine Stunde Zeit für Sport, wenn der Schreibtisch überquillt, sich die Wäscheberge türmen oder Menschen oder Tiere noch gepflegt werden müssen?

Bewusstes Eingreifen mit Ladekabel

Meist sind es genau diese Momente, in denen wir uns sogar zusätzlich verausgaben. Denn wenn schon alles so schwierig ist, sehnen wir uns noch mehr nach dem guten Gefühl, das uns die Endorphine geben. Wenn diese aber nicht in Aussicht sind, kommen die Ersatzstoffe wieder ins Spiel. Gleichzeitig fehlt uns gerade in solchen Zeiten die so dringend benötigte Antriebsenergie, weswegen wir auch noch gegen das „weg von“ ankämpfen müssen, um unseren Aufgaben und Verpflichtungen nachzukommen. Dabei müssten wir vor allem in stressigen Phasen mit hohem Frustpotenzial und wenig Aussicht auf Erfolg noch besser zu unserem körpereigenen Akku sein.

Wann ist bei Ihnen das letzte Mal das Handy komplett ausgegangen, weil der Akkustand 0 Prozent erreicht hat? Vermutlich ist das lange her oder noch nicht passiert. Das Ladekabel ist sofort greifbar. Hätten wir eine solche Anzeige für unseren körpereigenen Akku, wäre das viel einfacher.

Bei der Frage, wie wir das körpereigene Antriebspotenzial optimal nutzen, gibt es verschiedene Stellschrauben – die Standortbestimmung haben wir ja schon gestartet. Diese Signale bzw. Erkenntnisse helfen, das zu vertiefen:

- Sind wir positiv motiviert, erlebt unser Körper eine Flut von beispielsweise Dopamin. Wir erwarten somit eine Belohnung und haben den Antrieb, das Ziel zu erreichen.
- Optimalerweise erfolgt dann bei Zielerreichung die Ausschüttung körpereigener Opiate, beispielsweise Endorphine.
- Neben dem Antrieb aus Motivation haben wir eine Art Körperakku. Dieser wird jedoch häufig viel zu wenig beachtet, vor allem in stressigen Phasen.
- Menschen sollten bewusst in ihren Stärken arbeiten und abwägen, wann sie ihnen zum Nachteil werden.

3. Selbstmanagement der Stärken

Wir erinnern uns: Entscheidende Eigenschaftswörter im Zusammenhang mit Empowerment sind u. a. selbstverantwortlich und selbstbestimmt. Das Energiemanagement unseres eigenen Körpers können nur wir selbst steuern und beeinflussen. Ja, auch andere Menschen und deren Verhalten können Auswirkungen auf uns haben. Jedoch liegt es an uns, damit umzugehen und zu entscheiden, wie wir reagieren wollen. (Zur Erinnerung: Passiv leiden oder aktiv gestalten? Diese Frage gilt es immer wieder zu beantworten.)

Das folgende Kapitel nutzen wir deshalb, um gezielt die eigenen Handlungskompetenzen aufzuzeigen. Darüber hinaus kombinieren wir die bisherigen Erkenntnisse aus den Neurowissenschaften mit zusätzlichen Modellen aus der Allgemeinen und der Positiven Psychologie.

3.1 Flow – Lust statt Frust

Wir sprachen bereits darüber, dass es Aufgabenbereiche gibt, die unserem Gehirn sehr leichtfallen. Beispiele hierfür gibt es zahlreiche. Wie ist es bei Ihnen? Sind Sie jemand, der immer und überall für andere mitdenkt? Der vorausahnt, was jemand benötigt, und spürt, wenn es anderen nicht gut geht? Selbstverständlich sind Sie dann auch für die andere Person da. Oder aber fällt es Ihnen leicht, sich zu fokussieren, hartnäckig an einem Thema dranzubleiben, es bis in die Tiefe zu durchdringen? Dafür fällt es Ihnen vielleicht manchmal schwerer, über den Tellerrand hinauszuschauen, und Sie sind eher der Meinung, jeder sollte für sich selbst vorausdenken?

Egal, welche Präferenz Sie haben, es gibt eine gute Nachricht in Sachen Energie. Denn ein weiteres Phänomen tritt unabhängig von Ihren Stärken auf, wird aber meist im alltäglichen Sprachgebrauch kombiniert mit Stärken. Es ist das Flow-Gefühl.

Anforderung und Leistungsfähigkeit in Balance

Ursprünglich untersucht bzw. aufgestellt wurde die Theorie des Flow vom ungarischen Psychologen Mihály Csíkszentmihályi. Er entdeckte, dass Menschen in einer Aufgabe nahezu abtauchen können. Sie verlieren das Gefühl für Zeit und Raum. Das lässt sich sowohl bei spielenden Kindern als auch bei Erwachsenen beobachten. Professionell untersucht wird dieses Phänomen im Bereich der Computerspiel-Industrie oder auch in der Musik. Und dabei geht es immer um die Frage: Wann sind Aufgaben überfordernd und wann unterfordernd? Genau dazwischen liegt nämlich die Zone, in der das Flow-Gefühl entstehen kann.

Flow entsteht nur in der Ruhe

Wichtig für Flow ist: Wir brauchen Ruhe, einen störungsfreien Raum, keine Ablenkung und keinen Zeitdruck. Also all das, was in unserer Gesellschaft Mangelware ist. Denn in unserer „Messenger-Welt“ brummt oder klingelt es kontinuierlich, das Smartphone auszuschalten ist für viele undenkbar. Genauso störend wirken Großraumbüros auf den Flow, da die Geschäftigkeit der anderen ablenkt und sie viel zu wenig Freiraum für fokussiertes, konzentriertes Arbeiten bieten. Das Besondere am Flow ist also die Balance zwischen der Herausforderung und unserer Leistungsfähigkeit.

Doch was konkret bedeutet das für unser Selbstmanagement und wie hängt das mit unserer Energie zusammen?

Effizienz im Flow

Der Flow-Zustand ist nicht mit Motivation verbunden und kann auch nicht geplant werden. Es ist weit verbreitet, dass man in seinen Stärken arbeiten muss, um in einen Flow zu kommen. Das ist nicht korrekt. Ganz im Gegenteil erleben sogar viele Menschen den Flow in Bereichen, die nicht in ihren Stärken liegen, die sie nicht mit links erledigen. Die Antriebsenergie des Flow erfolgt nicht durch die Ausschüttung von Dopamin. Diese motivationale Energie kommt aus der totalen Fokussierung und der Möglichkeit, im Tun ganz und gar aufzugehen, ein Ziel zu verfolgen, ohne sich zu verbeißen. Offenbar hat auch das Zielerreichen eine starke Wirkung. Es darf, wie erwähnt, nicht zu herausfordernd, aber eben auch nicht zu langweilig sein.

Wann haben Sie das letzte Mal so richtig einen Flow erleben dürfen? Menschen erleben diese Phase nicht nur im beruflichen Kontext, sondern auch bei Gartenarbeit, Lesen, Wandern, handwerklichen Tätigkeiten, Modellbauen oder auch Handarbeiten wie Stricken.

Flow-Erleben reflektieren

Leider ist der Flow-Zustand nur sehr schwierig zu erforschen. Praktisch wird versucht, ihn mittels der Beantwortung von 16 Items zu erfassen. Die Erkenntnisse basieren demnach auf Reflexion des Erlebten beim Probanden. Typische Fragen dieses auch öffentlich zugänglichen Fragebogens* (allerdings leider ohne direkte Hinweise zur Auswertung) sind:

- Ich fühle mich optimal beansprucht.
- Mein Kopf ist völlig klar.
- Ich habe keine Mühe, mich zu konzentrieren.
- Ich habe das Gefühl, den Ablauf unter Kontrolle zu haben.
- Ich weiß bei jedem Schritt, was ich zu tun habe.

Die Fragen deuten darauf hin, dass wir eine Aufgabe und die Situation unter Kontrolle haben, eine Art von sozialer und psychischer Sicherheit empfinden müssen und uns auch zutrauen, die Aufgabe zu erledigen. Das zeugt von hoher Selbstwirksamkeitserfahrung. Sobald wir Angst oder Bedenken haben, uns gestresst fühlen oder aber ständig unterbrochen und abgelenkt werden, kann kein Flow entstehen.

Frust statt Flow

Genau diese Argumente führen dazu, dass beim Flow auch von den Gegensätzen Lust statt Frust gesprochen wird. Denn Frust erleben wir, wenn es anstrengend ist, wir nicht vor-

---

* Den Fragebogen finden Sie hier: https://www.psycharchives.org/en/item/87af4b18-6170-4b39-8627-8ef2513da25c

ankommen oder wir uns aufgrund von Störungen immer und immer wieder in Themen hineindenken müssen, ohne Fortschritte zu erzielen. Gerade bei Dingen, die uns nicht liegen, zahlt das sogar noch negativ auf unsere Motivation ein; und je nachdem, wie frusttolerant wir sind, wechselt unser System über kurz oder lang von *hin zu* auf *weg von*. Und dann kostet es erst richtig viel Mühe, weiter an der Aufgabe dranzubleiben.

Konkrete To-dos

In verschiedensten Forschungsarbeiten wurde deutlich, dass Störungen und Ablenkungen der größte Feind der Produktivität sind. Tatsächlich lässt sich zwar der eigentliche Flow-Zustand nicht planen. Aber wir können die richtigen Rahmenbedingungen schaffen. Im Sinne von gutem und gesundem Empowerment sind Flow-Zustände enorm wichtig! Fokus statt Multitasking – das ist der Schlüssel. Mithilfe der richtigen Umgebung wird es gelingen, auch hier gesund die eigene Energie und Konzentration zu managen.

Wann waren Sie das letzte Mal im Flow? So können Sie **förderliche Rahmenbedingungen** gestalten:

- Planen Sie Ihre Aufgaben: Dinge, die Ihnen leichtfallen, können Sie auch innerhalb eines Tagestiefs abarbeiten.
- Für herausfordernde Aufgaben sollten Sie sich ungestört voll und ganz konzentrieren können.
- Sorgen Sie dafür, dass keine Messenger, E-Mails, Telefonanrufe oder sonstige Störungen die Konzentration bzw. den möglichen Fluss Ihrer Gedanken stören werden.

- Stillen Sie bereits im Vorfeld biologische Bedürfnisse, auch diese können störend wirken.
- Gehen Sie mit einem bewussten Mindset an Ihre Arbeit und bleiben Sie im Hier und Jetzt. Alles andere bedeutet Energieverlust.

Um in den Zustand des Flow zu kommen, müssen Anforderung und Leistungsfähigkeit übereinstimmen. Auch die richtige Einstellung sowie das Vertrauen in die eigenen Fähigkeiten sind wichtig. Flow steht nicht direkt mit Motivation in Verbindung, aber es ist ein sehr effektiver und energiesparender Modus. Geplant werden kann der Flow-Zustand nicht, aber wir können ihn fördern, indem wir gezielt für Ruhe am Arbeitsplatz und ungestörte Atmosphäre sorgen.

3.2 Flourishing

Selbstverantwortung, Motivation und Selbstwirksamkeit sind starke Säulen im Empowerment. Vor allem Letzteres spielt auch eine entscheidende Rolle in der Positiven Psychologie.

Gründervater Martin Seligman

Im Jahr 1996 wurde der amerikanische Psychologe Martin Seligman zum Vorsitzenden der American Psychological Association (APA) gewählt. Damit oblag ihm, einen neuen Forschungsschwerpunkt auszurufen. Er kam aus der Depressionsforschung, hatte schon das Konzept der erlernten

Hilflosigkeit entwickelt und forderte, dass sich die Psychologie fortan nicht mehr nur mit Heilung bzw. dem Ausgleichen von Störungen und Krankheiten beschäftigen sollte, sondern auch mit der Potenzialentfaltung von Menschen. Damit nahm die Positive Psychologie den Grundgedanken der Erwachsenenbildung auf: Menschen in eine positive Entwicklungsrichtung zu bringen. In seinem 2012 erschienenen Buch „Flourish – Wie Menschen aufblühen" stellte Seligman fünf Säulen des persönlichen Wohlbefindens – die PERMA-Faktoren – vor:

P – Positive Emotions (Erleben positiver Emotionen wie z. B. Freude und Dankbarkeit)
E – Engagement (Eintauchen in Aktivitäten, die uns fesseln, Stärken nutzen)
R – Positive Relationships (Förderliche Beziehungen für soziale Verbundenheit)
M – Meaning (Die Suche nach dem Sinn und Zweck in unserem Leben)
A – Accomplishment (Erfolg und Erreichen von Zielen sowie Überwinden von Herausforderungen)

Tragfähige Beziehungen knüpfen

Das (Er-)Leben dieser fünf Faktoren führt dazu, dass Menschen dauerhaft ein glückliches, zufriedenes Leben führen können. Wichtig: Alle stehen miteinander in Verbindung und unterstützen sich gegenseitig. Erreichen wir Ziele, nehmen diese wahr und feiern sie ggf. sogar, erleben wir positive Emotionen. Sofern wir das mit anderen Menschen in der Familie oder im Team erledigen, arbeiten wir an den positiven Beziehungen. Und haben wir gute und tragfähige Beziehungen, steigert das unseren Lebenssinn. Das wiederum erhöht in der Regel auch das Engagement. Das isolierte Erleben einzelner Faktoren reicht dagegen nicht aus.

Vielfach weiterentwickeltes Konzept

Seligman ist fest davon überzeugt, dass diese fünf Faktoren das Fundament eines jeden Bemühens sein sollten. Darüber hinaus wurde das Konzept in zahlreichen weiteren wissenschaftlichen Bereichen übergenommen und weiterentwickelt. So bezieht beispielsweise der Österreicher Dr. Markus Ebner die fünf Säulen auf Führungskräfte und entwickelte daraus das Führungskonzept oder Führungsverständnis PERMA-Lead®. Damit können Führungskräfte bei der Gestaltung von förderlichen Arbeitsumfeldern im Sinne des Empowerments unterstützt werden.

Völlig neuer Blickwinkel

Seligman hat mit diesen fünf Faktoren und dieser Ausrichtung auf positive Entwicklung eine 180-Grad-Wendung vorgenommen: weg von jahrzehntelanger Depressionsforschung mit Erkenntnissen zu erlernter Hilflosigkeit hin zur Stärkung der Handlungsfähigkeit. Damit verbunden sind die Zufriedenheit, das Wohlbefinden und die Chance, für sich selbst und das Leben die Verantwortung zu übernehmen.

Das Bild des Aufblühens ist dabei bewusst gewählt. Denn eine Blume, die aufblühen soll, braucht die richtige Umgebung – den richtigen Standort, genügend Platz, Licht, Wasser, aber auch andere Nährstoffe und Mikroorganismen. Und sie braucht alle Faktoren; nur mit Wasser, aber ohne Licht würde sie nicht überleben. Genauso ist es bei Menschen auch. Wenn Sie also in Ihre wahre Stärke, eine gesunde Leistungsfähigkeit und Wohlbefinden kommen möchten, sollten Sie die fünf Faktoren reflektieren und bewusst in Ihr Leben integrieren.

PERMA und Empowerment

Mit dem Thema der Stärken (E in PERMA) haben wir uns im vorherigen Kapitel schon intensiv auseinandergesetzt. Hier sieht man deutlich die Verbindung der fünf Faktoren, denn wir erleben körpereigene Opiate natürlich auch als positive Emotionen. Um eine bessere Version unserer selbst zu werden, um langfristig gesund handlungsfähig zu sein, um Verantwortung zu übernehmen und die nötige Energie dafür zu haben, ist es wichtig, dass wir uns bewusst machen, was uns liegt und was wir gerne tun.

Diese **Reflexionsfragen** können helfen, den Stärken auf die Spur zu kommen:

- Bei welcher Aufgabe merken Sie, dass Sie leidenschaftlich werden?
- Für welches Thema haben Sie zuletzt sprichwörtlich gebrannt, sodass Sie völlig motiviert waren?
- Wann haben Sie sich das letzte Mal Ziele gesetzt bzw. das Erreichen oder auch Meilensteine gefeiert?
- Wann waren Sie das letzte Mal einer Situation hilflos ausgeliefert, und was hat das mit Ihnen gemacht bzw. wie konnten Sie diese meistern?

Ein weiterer wichtiger Faktor ist das Warum. Das spielt für das „M", also die Bedeutung, den Sinn im Leben eine Rolle. Hier sind wir bei den Werten angelangt, die uns als Leitstern dienen. Sie sind wichtig für Entscheidungen. Denn wenn eine Entscheidung im Einklang mit unseren Werten steht, macht uns das zufriedener.

Welche Werte sind Ihnen wichtig? Wofür stehen Sie morgens auf? Wie sieht Ihr Lebensziel aus?
Wenn Sie feststellen, dass Sie diese Fragen nicht beantworten können, sollten Sie sich dringend Zeit nehmen, um das herauszufinden.

✎ Die folgende **Übung** kann dabei helfen, den Werten auf die Spur zu kommen. Dabei ist wichtig, dass sich Werte im Laufe des Lebens verändern. Das bedeutet, dass wir immer wieder mal einen Wertecheck machen sollten.

Nehmen Sie sich ein Blatt Papier und zwei verschiedenfarbige Stifte zur Hand. Notieren Sie zunächst untereinander, was Ihnen wichtig ist, wie z. B.:

- Zeit mit Freunden verbringen
- Berufliches Ansehen
- Harmonie in der Familie
- Gutes Verhältnis zu Kollegen
- Erreichen von Zielen
- Wohlstand
- Gesundheit und Fitness
- Einen Beitrag für die Gesellschaft leisten
- Unabhängigkeit und Gestaltungsfreiheit
- Geistiges Wachstum

- Spiritualität
- Sicherheit
- ...

Bewertung

Nun zeichnen Sie hinter jeden Begriff, den Sie notiert haben, eine Skala von 1 bis 10. Mit der ersten Farbe markieren Sie auf der Skala, wie wichtig Ihnen dieser Wert ist. Dabei bedeutet 1 „nicht wichtig“ und 10 „sehr wichtig“. Als Nächstes markieren Sie mit der anderen Farbe auf der Skala die Realität, also wie sehr Sie diesen Wert leben. Dabei bedeutet 1 „nicht erfüllt“ und 10 „voll erfüllt“.

Fokussieren Sie sich nun auf die fünf bis sechs Werte, die Ihnen am wichtigsten sind, und betrachten Sie die Abweichung vom Ist zum Soll. Woran sollten Sie arbeiten, um die Werte mehr zu leben, die Ihnen wirklich wichtig sind? Idealerweise ergänzen Sie direkt neben der Skala Ideen, was Sie dafür tun könnten. Genau an dieser Stelle können Sie wieder einen wichtigen Baustein für das Wohlbefinden und die Lebenszufriedenheit gestalten.

Eine Blume, die voll im Saft steht und ihre schönsten Blüten entfaltet, braucht dafür unterschiedliche Nährstoffe. In der Positiven Psychologie wird dieser Effekt mit den fünf PERMA-Faktoren beschrieben. Wir brauchen alle fünf, um echtes Aufblühen zu erleben. Die PERMA-Faktoren bieten uns eine Art Kompass, der uns immer wieder zur Selbstreflexion einlädt, um sicherzustellen, dass wir auf dem richtigen Kurs sind für Wohlbefinden und Selbstwirksamkeit. Das ist Empowerment.

3.3 Die Dosis macht das Gift

Stärken, Werte, Entscheidungen, Zufriedenheit, das alles sind Begriffe, die auf Lebensqualität einzahlen. Es gibt auch einen Bereich, bei dem eine große Quantität wichtiger ist als Qualität: die Emotionen. Sie haben einen großen Einfluss darauf, ob wir auf der Straße des Lebens in Richtung Stress oder Aufblühen abbiegen. Was geschieht, wenn wir unter Dauerstrom stehen und kein Raum für Freude und Spaß bleibt?

Stressabwehr hat Vorfahrt

Im zweiten Kapitel haben wir erläutert, dass unsere Antriebsenergie unterschiedlich motiviert sein kann: nämlich „weg von" oder „hin zu". Genau diese Differenzierung kann überlebensnotwendig sein. Zur Erinnerung: Das Erkennen, Bewerten und Aktivieren bei dem Motiv „weg von einer Gefahr" ist wesentlich schneller und machtvoller. Logisch: Das System setzt alles ans Überleben. Das hat immer Vorfahrt vor Entwicklung und Entfaltung.

Sicherlich kennen Sie das: Sie haben beste Laune, dann läuft etwas schief oder es kommt ein blöder Kommentar. Die gute Laune ist dahin und lässt sich auch nicht auf Knopfdruck wiederherstellen. Ähnlich ist es, wenn wir unter Dauerstress stehen. Gute Laune und Wohlbefinden werden abgeschaltet, denn Stresshormone bedeuten, es geht ums Überleben – nicht darum, glücklich zu sein. Adrenalin und Cortisol, die bekanntesten Vertreter der Stresshormone, sorgen für extreme Fokussierung und machen uns leistungsfähiger, um das Überleben zu sichern. Dauerhafter Stress, Zeitmangel und Überlastung bedrohen die natürliche Homöostase des Körpers.

Cortisol-Junkies

Adrenalin steigert die Leistungsfähigkeit, vermindert die Aktivitäten im Verdauungstrakt, fokussiert unseren Blick und erhöht beispielsweise die Herzfrequenz bzw. erweitert die Blutgefäße – im System ist alles bereit für Flucht, Kampf, Erstarrung. Adrenalin hält sich nur wenige Minuten im Blut und wird dann wieder abgebaut. Anders ist das bei Cortisol, von dem wir immer eine gewisse Dosis benötigen, denn es ist beispielsweise mit zuständig für die Regulierung des Stoffwechsels, des Blutdrucks und bei der Unterstützung des Immunsystems.

In hohen Dosen ist Cortisol schädlich. Während es in der richtigen Dosis aktiv dabei mitwirkt, Entzündungen im Körper zu bekämpfen, mobilisiert es Energiereserven, z. B. durch die Freisetzung von Glukose aus Leber und Muskelgewebe. Die Mitochondrien (zelluläre Organellen, die oft als die Kraftwerke der Zelle bezeichnet werden, da sie für die Energieproduktion verantwortlich sind) wandeln diese Glukose in zusätzliche Energie um, um dem Stressor zu begegnen. Hält dieser Zustand dauerhaft an, entstehen immer mehr Nebenprodukte, die oxidative Schäden an den Mitochondrien selbst oder anderen Zellen verursachen. Es wäre an dieser Stelle zu komplex, das zu vertiefen, die Folgen sind jedoch unter anderem häufig Herz-Kreislauf-Erkrankungen.

Für unser Thema Empowerment bedeutet es, dass wir durch dauerhaften Stress alle Energiereserven aufbrauchen und uns irgendwann einfach nur noch schlapp und ausgelaugt fühlen.

> Sind Sie schon einmal zu Beginn eines Urlaubs krank geworden? Häufig geht diesem Phänomen eine stressige Phase voraus, in der das Cortisol die Oberhand hatte. Setzt dann im Urlaub endlich die Entspannung ein, wird das Cortisol abgebaut und die im Körper vorhandenen Erreger bekommen freie Fahrt. Für echtes Empowerment bedeutet das, dass wir auf eine gute Balance zwischen Stress und Entspannung achten müssen. Bewegung spielt auch eine Rolle, um das Adrenalin schneller abzubauen.

Die Bedeutung von Pausen

Der menschliche Biorhythmus ist nicht darauf ausgelegt, unter Dauerstrom zu stehen. Nach ca. 70 bis 80 Minuten fällt die Konzentration beim gesunden Menschen automatisch ab. Der Körper holt sich die benötigte Pause. Leider beachten wir ihn viel zu selten. Forscher haben herausgefunden, dass regelmäßige kürzere Pausen über den Tag verteilt einen besseren Erholungseffekt haben als eine große Pause zur Mittagszeit – die während stressreicher Phasen meistens auch noch ausgelassen wird. Kein Wunder, wenn wir uns am Abend total erschöpft fühlen, oder?

> Zur Erinnerung: Die Dosis macht das Gift. Oder umgekehrt: Damit es unserem Körper gut geht, braucht es nicht gleich einen Wellness-Urlaub. Ein paar Minuten Bewegung, Innehalten, bewusstes Atmen, Dehnübungen, ein kleiner Spaziergang im Grünen können viel bewirken, ebenso wie ausreichend Schlaf und eine vernünftige Ernährung.

Akkus rechtzeitig laden

Viele Bausteine zahlen auf das Gefühl der Zufriedenheit und des Wohlbefindens ein. Zu echtem Empowerment gehört neben dem aktiven Nutzen der eigenen Stärken, dem Folgen der Motive, dem Ausleben der Werte, dem größeren Sinn und dem Erreichen von (Etappen-)Zielen auch die Pflege des körpereigenen Akkus. Denn hoch motiviert bis zur totalen Erschöpfung zu sein, ist genauso gefährlich, wie frustriert die letzten Energiereserven durch Stress aufzubrauchen.

Die Pflege des Akkus gelingt durch ausreichend Bewegung, gesunde Ernährung, möglichst geringen Konsum von Alkohol, Nikotin, Koffein. Aber auch die Umweltpsychologie hat interessante Ansatzpunkte: den Biophilia-Effekt. Die wichtigsten Erkenntnisse mit Blick auf Empowerment:

- Unser Gehirn ist seit Jahrmillionen an Reize aus der Natur gewöhnt. Deshalb faszinieren uns Tiere, beeindruckende Landschaften oder das Meer so sehr.
- Die Schönheit hatte evolutionär einen Nutzen für uns: Bäume hatten eine Schutzfunktion und waren zugleich Schattenspender. Lichtungen und Wasserflächen boten reichhaltige Nahrung und guten Überblick ...
- Waldluft erhöht die Anzahl natürlicher Killerzellen.
- Die Natur erwartet nichts von uns. Wir dürfen einfach nur sein. Wir müssen nichts Spezifisches leisten, sie uns nicht verdienen.

Natur als Krafttankstelle

Wie können Sie die „heilsame“ Wirkung der Natur im Alltag nutzen? Vielleicht ab und zu ein bisschen „Waldbaden“?

Oder ein Ausflug in die Berge? Oder die Brise am Meer? Jeder hat andere Vorlieben und geografische Voraussetzungen. Egal wie, wir haben hier eine geniale Möglichkeit, den Biophilia-Effekt für das Empowerment zu nutzen. Nachweislich hilft die Natur dabei, Stress zu reduzieren, die Immunabwehr zu verbessern, den Blutdruck zu senken, das Wohlbefinden zu steigern. Und das schon in 30 Minuten. Ergänzt um kleine Aktivitäten: die Treppe nehmen statt den Fahrstuhl, dreiminütige Atempausen, Dehnübungen alle 60 Minuten ... Alles wirkt in die richtige Richtung.

Stresstest

Wie ist es bei Ihnen? Was macht Ihr Akku? Sind Sie getrieben oder haben Sie das Steuer in der Hand? Finden Sie es heraus:

- Wie bewerten Sie Ihr aktuelles Stressniveau auf einer Skala von 1 (kein Stress) bis 10 (extremer Stress)?
- Welche Situationen im Alltag lösen in letzter Zeit am meisten Stress aus und warum (Stärken, Werte, Menge ...)?
- Hatten Sie in letzter Zeit körperliche Reaktionen auf Stress? Welche?
- Wann waren Sie das letzte Mal zu Beginn eines Urlaubs krank?
- Wie gut sorgen Sie bewusst im Alltag für sich?
- Wie viele Ihrer täglichen Aufgaben liegen im Bereich Ihrer individuellen Stärken?
- Wann haben Sie das letzte Mal eine Aufgabe abgelehnt, weil sie Ihnen nicht gutgetan hätte?

- Was tun Sie, um sich zu entspannen und einen Ausgleich zu finden?
- Wie zufrieden sind Sie mit der aktuellen Balance zwischen Arbeit und Freizeit?
- Gibt es Aktivitäten oder Hobbys, die Sie vernachlässigen, die Ihnen aber eigentlich Freude bereiten?
- Welche Veränderungen können Sie vornehmen, um eine gute Balance zu schaffen?
- Wo können Sie kleine tägliche Rituale in den Alltag integrieren?
- Gibt es bevorstehende Aufgaben/Ereignisse, die potenzielle Stressquellen für Sie sind?
- Wie können Sie sich auf diese vorbereiten und mit ihnen umgehen?
- Wen bewundern Sie für einen guten Umgang mit Stress? Was tut diese Person?

Unser Körper hat viele hilfreiche Funktionen, die in der Überdosis jedoch gefährlich werden. Zwar kann uns Stress kurzfristig leistungsfähiger machen. Insgesamt ist es jedoch wichtig, eine gesunde Balance zu halten. Wenn es uns gelingt, sowohl unseren Körperakku mit Energie als auch unseren Zufriedenheitsakku regelmäßig mit Endorphinen zu füttern, werden wir uns gut fühlen und langfristig handlungsfähig sein.

3.4 Mindset – Energiekiller und Energietankstellen

„Des Menschen Wille, das ist sein Glück“, schrieb der deutsche Dichter Friedrich Schiller in seinem Drama *Wallenstein*. Wir müssen uns also nur unseres Verstandes bedienen und ein Ziel erreichen wollen, dann kann uns kaum mehr etwas passieren.

Die Macht der Gedanken

Tatsächlich wird seit Jahren sowohl in der Psychologie als auch im Bereich des Sports intensiv zu den Auswirkungen des menschlichen Denkens geforscht. Und sicherlich kennen Sie den Effekt der sich selbsterfüllenden Prophezeiung. Zahlreiche Mythen ranken sich um dieses Thema und verschiedenste Menschen prägten dazu unterschiedlichste Zitate.

So soll Henry Ford gesagt haben: „Ob du denkst, du kannst es, oder ob du denkst, du kannst es nicht: Du wirst auf jeden Fall recht behalten.“ Und schon Sokrates wird zitiert mit den Worten: „Das Geheimnis der Veränderung besteht darin, deine ganze Energie darauf zu konzentrieren, Neues aufzubauen, statt Altes zu bekämpfen.“ Das heißt, bereits vor über 2500 Jahren beschäftigten sich Menschen mit den unterschiedlichen Motiven wie „hin zu“ statt „weg von“. Die Gedanken geben die Richtung vor und bewerten ein Motiv. Doch dabei kommt es nicht nur auf die Perspektive an.

Muster im Gehirn

Wenn unser Gehirn etwas gelernt hat, wurden Muster aufgebaut. Diese werden im Sinne der Effizienz immer wieder genutzt. Wir können uns das vorstellen wie einen Trampelpfad. Ist auf einer großen Wiese oder in einem Wald ein Weg zu erkennen, folgen ihm die meisten Menschen. Und hat er sich als erfolgreich herausgestellt, werden wir ihn immer wieder nutzen. Der Trampelpfad wird zum breit getretenen Weg, auf dem man schneller vorankommt.

Dysfunktionale und funktionale Glaubenssätze

Ähnlich baut auch das Gehirn seine Muster auf; und je häufiger der Weg genutzt wird, umso intensiver ist er ausgebaut. Das Gleiche gilt für Glaubenssätze. Ein Glaubenssatz ist eine tief verwurzelte Überzeugung, die man über die Welt, andere Menschen oder spezifische Situationen hat und der als eigenes Gesetz gilt. Und das beeinflusst wiederum unser Denken, Handeln, Fühlen und Verhalten. Habe ich z. B. von klein auf gelernt, dass ich niemals etwas recht machen kann, dann glaube ich, dass das immer so sein wird. Je häufiger das passiert, desto mehr manifestiert sich dieses Gesetz als dysfunktionaler Glaubenssatz. Dieser Weg führt in die Falle der erlernten Hilflosigkeit. Natürlich gibt es auch funktionale Glaubenssätze, die uns tatsächlich empowern (z. B. *Ich kann alles schaffen.*). Auch hier verstärken sich Muster durch wiederholtes Erleben der Wirksamkeit. Wir kommen in die aktive Lebensgestaltung – das Empowerment.

Die Frage ist: Wie programmieren wir die Glaubenssätze so um, dass sie uns dienen?

Kontext ist King

Der Mensch handelt stets im Kontext. Ist Ihr Glas halb voll oder halb leer? Und ist das gut oder schlecht? Eine adäquate Antwort ist eigentlich erst möglich, wenn wir uns mit dem Inhalt beschäftigt haben. Befindet sich im Glas ein Abführmittel, eine giftige Substanz oder auch nur Bittersalz oder Lebertran, sind wir froh, wenn es möglichst leer ist. Haben wir zuvor schon die andere Hälfte des Glases getrunken und sind voll, wird uns der Rest im Glas zur Last, weil es immer noch so voll ist. Weiß ich, dass ich es – vielleicht nach einer kleinen Pause – schaffen werde, das Glas zu leeren (z. B. aufgrund bereits gemachter Erfahrungen), bin ich voller Zuversicht und positiv gestimmt.

Fazit: Die Bewertung von Situationen, auch auf Basis von manifestierten Glaubenssätzen, hat Einfluss auf die Handlungsfähigkeit und das Vertrauen in mich selbst, Situationen gut bewältigen zu können.

Eingetretene Pfade umbauen

Da wir Menschen uns kontinuierlich weiterentwickeln, die Muster im Gehirn jedoch häufig tief verankert sind, merken wir oftmals nicht, dass einige Perspektiven, Glaubenssätze und auch Schutzhaltungen und Handlungen, die früher hilfreich waren, das heute nicht mehr sind. Mit unserer heutigen Erfahrung und Handlungskompetenz erhalten sie eine neue Interpretation. Da das Gehirn jedoch immer wieder die ausgetretenen Pfade (etablierte Muster) verwendet, um Energie zu sparen (Effizienzgedanke), ist es oftmals schwer, Veränderungen durchzuhalten.

Wie ändere ich meine Muster?

Möchte ich dysfunktionale Glaubenssätze loswerden und hilfreichere neue etablieren, geht es wieder um Bewusstmachung, um dann diese Muster zu verändern. Doch wie kommt man ihnen auf die Spur? Hier sind ein paar **Reflexionsfragen** dazu:

- Welche typischen Sprichwörter aus Ihrer Kindheit fallen Ihnen ein? (Beispiele: Ohne Fleiß kein Preis. Geld verdirbt den Charakter. Schuster, bleib bei deinen Leisten. Wenn ich es nicht selber mache, passiert nichts. Was Hänschen nicht lernt, lernt Hans nimmermehr.)
- Achten Sie ein paar Tage darauf, welche Verallgemeinerungen Sie verwenden (alle, immer, nie ...), und notieren Sie sich diese sofort. Diese können Hinweise auf Glaubenssätze geben.
- Fragen Sie drei Personen aus Ihrem Umfeld, welche Glaubenssätze sie von Ihnen kennen oder beobachten.
- Wenn Sie die Sätze betrachten: Wie nützlich oder hinderlich sind diese Glaubenssätze noch?
- Was könnten bessere neue Glaubenssätze sein?
- „Programmieren" Sie Ihr Gehirn mit diesem neuen Satz (Affirmation) um. Es hilft, diesen regelmäßig wie ein Mantra zu wiederholen. Und natürlich das Erleben, dass es wirkt – dann werden neue Muster gebildet.

Wichtig: Das ist anstrengend und dauert. Aber es lohnt sich!

Der „Broaden & Build"-Effekt

Wie positive Emotionen uns dabei unterstützen, untersucht die amerikanische Psychologin Barbara Fredrickson seit einigen Jahren. Ihr ist es gelungen, die positiven Einflüsse von guten Emotionen wissenschaftlich zu belegen. Wir erinnern uns, im Überlebenssystem des Körpers heißt es häufig: Bad is stronger than good. Mit ihrer Forschung und den Auswirkungen von positiven Emotionen wie Freude, Vergnügen oder auch Liebe auf das alltägliche Leben hat sie die Entwicklung der Positiven Psychologie maßgeblich beeinflusst.

Das Erleben positiver Emotionen prägt kurzfristig (broaden) unser Denken und Handeln und erweitert somit unseren Erfahrungshorizont bzw. unser Handlungsrepertoire. Darauf aufbauend werden wir in einer ähnlichen Situation erneut zuversichtlich und wissentlich handeln können, und somit erweitern wir erneut unsere Möglichkeiten, sowohl im Denken als auch im Handeln (build). Deshalb bezeichnet man diesen Zusammenhang mit den englischen Begriffen broaden für erweitern und build für aufbauen (vgl. Fredrickson, 2011 und 2014). Der „Broaden & Build"-Effekt steht im Gegensatz zu einem „engen" Fokus, der häufig mit negativen Emotionen wie Angst oder Wut verbunden ist. Wenn Menschen negativen Emotionen ausgesetzt sind, neigen sie dazu, ihre Aufmerksamkeit zu verengen und sich auf spezifische, oft bedrohliche Informationen zu konzentrieren.

Hilfreich: Positive Emotionen bieten nicht nur kurzfristige Freude, sondern auch langfristige Vorteile in Bezug auf persönliches Wachstum und Anpassungsfähigkeit. Also das generelle „Lebensglück" und die eigene Zufriedenheit.

Positives Denken reicht nicht aus

Vor dem Denken steht das Erleben. Das bedeutet: Um die Perspektive wechseln zu können und optimistisch zu denken, brauchen wir auch die richtigen Neurotransmitter und Botenstoffe im Körper. Es funktioniert nicht, wenn wir Sie hier auffordern, an Freude zu denken, oder? Wir müssen Freude am eigenen Leib spüren. Das bedeutet, positives Denken ändert noch nichts, aber wir können uns eine positive Spirale aufbauen.

Häufig setzt dann eine Negativspirale der Emotionen ein. Damit meint man einen sich verstärkenden und abwärts gerichteten Kreislauf von negativen Gefühlen und Gedanken. Erlebt man in einer Situation negative Emotionen, können diese dazu führen, dass man sich in negativen Gedanken „verliert". Diese negativen Gedanken können wiederum die Emotionen verstärken und zu weiteren negativen Gefühlen führen. Dieser Zyklus setzt sich fort und verstärkt sich, wenn die negativen Gedanken und Emotionen nicht unterbrochen oder bewältigt werden.

Ein Beispiel: Sie erleben eine stressige Situation und machen sich darüber Sorgen, dass etwas Schlimmes passieren könnte (z. B. ein Fehler). Diese negativen Gedanken könnten Angst und Unsicherheit auslösen, was wiederum zu weiteren negativen Gedanken führt oder vielleicht sogar zu diesem Fehler (aus der emotionalen Überlastung heraus). Dieser sich verstärkende Kreislauf kann dazu führen, dass Sie in eine immer negativere Stimmung geraten und es schwerer wird, aus diesem Teufelskreis auszubrechen.

Positives bewusst machen

Es zieht sich durch dieses Buch: Um die positiven Effekte zu nutzen, dreht es sich immer wieder um Erkennen und aktives Verändern. So auch beim Thema der Emotionen. Das Verrückte ist, dass – und auch das ist wissenschaftlich nachgewiesen – wir jeden Tag mehr positive Emotionen erleben als negative. Sie sind jedoch aufgrund der starken Überlebensprogramme weniger deutlich in unserem Bewusstsein präsent. Deshalb müssen wir sie uns am besten täglich bewusst machen und uns darauf fokussieren. Achtung: Es geht nicht ums Schönreden oder darum, das Negative auszublenden. Es geht um die Wahrnehmung in Gesamtheit und darum, zu entscheiden, worauf der Fokus gelegt werden soll. Dann sind wir beim „echten" Empowerment angekommen. Hilfreich sind hier Methoden wie die abendliche Reflexion der drei guten Dinge des Tages. Aber auch ein Dankbarkeitstagebuch hilft. Dazu gibt es auch interessante Studien aus dem medizinischen Bereich. Ein Fazit von Prof. Paul J. Mills von der University of California ist: „Es scheint, dass ein dankbares Herz auch ein gesünderes Herz ist." (Mehr dazu in den Links im Anhang, S. 94).

Unser Selbstmanagement sowie das Gefühl der Handlungsfähigkeit basieren auf verschiedenen Prozessen innerhalb des Körpers sowie unseres Gehirns und werden mittels unterschiedlicher Theorien aus der Wissenschaft gestützt:

- Der Zustand des Flow-Gefühls ist eines der effektivsten und effizientesten Phänomene des Gehirns bzw. unseres Körpers. Er steht nicht in Verbindung mit Motivation, sondern mit dem Sein im Handeln.

- Grundsätzlich lässt sich Flow nicht planen, aber die Umstände, in denen das Phänomen auftreten kann, können organisiert werden.
- Viele Menschen neigen dazu, sich selbst im Weg zu stehen oder mit negativen Gedanken zu boykottieren.
- Psychologische Sicherheit, die Kenntnis über die fünf Einflussfaktoren des PERMA-Modells auf das eigene Wohlbefinden sowie das Kennen und Arbeiten in den eigenen Stärken sind elementar für gelingendes Empowerment.
- Je mehr Gutes wir uns zukommen lassen, umso besser. Denn es geht nicht um die Intensität der positiven oder entspannten Erlebnisse, sondern um die Häufigkeit.
- Wir haben es selbst in der Hand, unsere Gedanken und unser Empfinden zu regulieren. Je mehr positive Erfahrungen wir machen, umso intensiver bauen wir unsere Selbstwirksamkeit und resiliente Handlungen auf.

Wie wirken Spiegelneuronen und was bedeutet das Gesetz der Reziprozität?

Seite 73

Wie erkennt man Energievampire und Energiespender?

Seite 76

Warum ist Abgrenzung so wichtig für das Wohlbefinden?

Seite 80

4. Ich und die anderen

Wir haben in den letzten Kapiteln viel über Zusammenhänge im Körper und die Prozesse im Gehirn gelernt. Dabei ging es auch um die Möglichkeiten, aktiv die Führung zu übernehmen und unser eigenes Leben im Sinne der Zufriedenheit und des Wohlbefindens zu gestalten. Wir Menschen leben nicht im luftleeren Raum, sondern in sozialen Umfeldern mit verschiedenen Menschen zusammen. Diese wirken auf uns und wir wirken auf sie. Wir stehen also stets im kontinuierlichen Austausch mit anderen.

4.1 Wie man in den Wald hineinruft

Jeder von uns ist dafür verantwortlich, welche Energie, welche Emotion wir in einen Raum bringen. Was ist damit gemeint? Unser Gehirn hat eine weitere Besonderheit: die emotionale Ansteckung. Sie bezieht sich darauf, wie Emotionen von einer Person auf die andere übertragen werden können. Das kann positiv oder negativ sein, je nachdem, welche Ursprungsemotion vorhanden ist.

Unser Neuronen-WiFi

Der amerikanische Psychologe Daniel Goleman hat den Begriff des „Neuronen-WiFi" geprägt. Er beschreibt damit metaphorisch, dass Menschen miteinander interagieren und kommunizieren, ähnlich einem kabellosen Netzwerk.

Zuständig dafür sind die Spiegelneuronen, die wie beim WiFi mit den Spiegelneuronen in anderen Gehirnen in Verbindung treten. Spiegelneuronen sind Nervenzellen im Gehirn, die aktiv werden, wenn eine Person eine Handlung ausführt, aber auch, wenn sie jemand anderen bei derselben Handlung beobachtet. Diese Neuronen spielen eine Rolle bei der Nachahmung von Verhalten und der Empathie.

Stellen Sie sich vor, Sie sehen jemanden glücklich lächeln. Ihre Spiegelneuronen könnten aktiv werden und dazu neigen, dasselbe Lächeln in Ihrem eigenen Gesicht auszulösen. Auf diese Weise können Spiegelneuronen dazu beitragen, Emotionen und Verhaltensweisen zwischen Menschen zu synchronisieren.

Emotionale Wechselwirkungen beachten

Emotionale Ansteckung und Spiegelneuronen können im täglichen Leben dazu beitragen, dass Menschen sich gegenseitig verstehen, mitfühlen und sich emotional aufeinander abstimmen. Gleichzeitig können sie aber auch zu negativen Effekten führen, wenn beispielsweise stressige oder ängstliche Emotionen von einer Person auf eine andere übertragen werden. Es ist wichtig, sich dieser emotionalen Wechselwirkungen bewusst zu sein und geeignete Strategien zur emotionalen Selbstregulation anzuwenden, um positive Interaktionen zu fördern.

Emotionale Ansteckung in der Gruppe oder im Team

Nicht nur einzelne Personen übertragen Stimmungen und Emotionen – ob bewusst oder unbewusst. Auch innerhalb von Gruppen oder Teams geschieht das. So kann das dann aussehen:

- Positive oder negative Stimmungen verbreiten sich in der Gruppe. Manchmal gibt es typische Grantler, die an allem oder jedem etwas auszusetzen haben. Das kann die ganze Gruppe runterziehen.
- Das Gefühl, gestresst zu sein, überträgt sich schnell auf andere und plötzlich verfallen alle in Hektik. Manchmal wird auch die Kommunikation schlagartig lauter. Streitgespräche können entstehen.
- Gerade Hektik und Stress wirken oft negativ auf die Leistungsfähigkeit des gesamten Teams. Manche lassen sich anstecken und in der Gruppe sinkt die Problemlösefähigkeit.
- Sind positive Emotionen auf dem Vormarsch und werden im Team verstärkt (z. B. der Enthusiasmus, zusammen etwas zu schaffen), kann das zu mehr Verbundenheit und gegenseitiger Unterstützung führen.

Eine Hand wäscht die andere

Die Grundregel der Reziprozität in der Kommunikation besagt, dass Menschen dazu neigen, ähnliche Handlungen oder Verhaltensweisen zu erwidern, mit denen ihnen andere begegnet sind. Das ist eines der sechs Prinzipien des Einflusses, die der emeritierte Sozialpsychologe und Marketingexperte Robert Cialdini in seinem Buch „Die Psychologie des Überzeugens“ benennt. Was aber, wenn sich der andere nicht daran hält?

Negative Folgen können sein:

- Enttäuschung: Das Gefühl, ausgenutzt zu werden, oder fehlende Wertschätzung kann entstehen.
- Vertrauensverlust: Die Beziehung kann dauerhaft geschädigt werden und von Vorsicht beherrscht sein.
- Bereitschaft der Zusammenarbeit schwindet: Gerade in einem Team kann das die Zielerreichung gefährden.
- Veränderung der Beziehungsdynamik: Spannungen entstehen, ein Gefühl der Ungerechtigkeit macht sich breit.
- Verhaltensanpassung: Die Bereitschaft, etwas reinzugeben, kann sinken. Vorsicht übernimmt die Kontrolle.

Emotionale Ansteckung und Spiegelneuronen zeigen, wie sich Emotionen zwischen Menschen übertragen können. In Gruppen oder Teams verbreiten sich positive oder negative Stimmungen schnell und beeinflussen die Leistungsfähigkeit. Die Grundregel der Reziprozität besagt, dass Menschen dazu neigen, ähnliche Handlungen zu erwidern. Geschieht dies nicht, kann das zu Enttäuschung und Vertrauensverlust führen.

4.2 Umgang mit Neidern, Missgunst und Energiedieben

Gerade wenn unsere Motive (wie im Kapitel 2 zur Definition der Stärken erläutert) eher im zwischenmenschlichen Bereich liegen, neigen wir manchmal dazu, mehr zu geben als zu nehmen. Auch ein schöner Glaubenssatz im Übrigen:

„Geben ist seliger denn Nehmen.“ Dann ist es besonders wichtig, die eigenen Grenzen zu kennen und sie auch deutlich zu vertreten (was wiederum Stressreaktionen verursachen kann). Denn nicht jeder hält sich an die vermeintlich offensichtlichen Regeln.

Toxische Personen

Als toxische Personen werden Menschen bezeichnet, deren Verhalten und Einstellungen negativ und sogar schädlich für andere sind. Es gibt verschiedene Arten von toxischem Verhalten, das von Manipulation über Aggression bis hin zu Passivität reichen kann. Hier sind einige Merkmale, die toxische Personen aufweisen können:

- Manipulation: Toxische Personen können subtil oder offen manipulativ sein, um ihre Ziele zu erreichen. Sie könnten lügen, andere täuschen oder Schuld auf andere abwälzen, um ihre eigenen Interessen zu fördern.
- Kritik und Verurteilung: Toxische Personen können andere ständig kritisieren, herabsetzen oder verurteilen, um sich selbst besser oder überlegen zu fühlen. Sie können andere manipulieren, indem sie deren Schwächen gegen sie verwenden.
- Egoismus: Toxische Personen neigen dazu, egozentrisch zu sein und sich hauptsächlich um ihre eigenen Bedürfnisse und Wünsche zu kümmern, oft auf Kosten anderer.
- Kontrollbedürfnis: Toxische Personen können versuchen, Kontrolle über andere auszuüben und sie zu dominieren, sei es durch Einschüchterung, Drohungen oder andere manipulative Taktiken.

- Dramatisierung: Einige toxische Personen neigen dazu, Drama zu schaffen oder sich in Konflikte zu verwickeln, um Aufmerksamkeit zu erregen oder ihre eigene Agenda voranzutreiben.
- Passiv-aggressives Verhalten: Toxische Personen können auch passiv-aggressiv sein, indem sie ihre negativen Gefühle auf indirekte Weise ausdrücken, wie zum Beispiel durch Schweigen, Ignorieren oder subtile Sabotage.

Toxisches Verhalten hat oft tiefer liegende Ursachen, wie zum Beispiel persönliche Traumata, unsichere Bindungen oder unverarbeitete emotionale Probleme. Dennoch ist es wichtig, toxische Personen zu erkennen und angemessen mit deren Verhalten umzugehen, sei es durch Grenzsetzung, klare Kommunikation oder den Rückzug aus schädlichen Beziehungen.

Energiespender

Menschen müssen nicht gleich toxisches Verhalten an den Tag legen, um uns in unserer eigenen Kraft zu blockieren. Aber starten wir dieses Mal direkt mit ein paar Fragen:

Bei welchem Ihrer Kontakte

- … haben Sie meist gute Laune?
- … verspüren Sie Zuversicht?
- … erleben Sie sich energetisiert oder gewinnen sogar noch Energie?
- … bekommen Sie Ideen oder Inspiration?
- … fühlen Sie sich akzeptiert?
- … erfahren Sie Unterstützung und gesunden Zuspruch?

Kontakte, die Ihnen hierzu einfallen, sollten Sie unbedingt verstärken! Denn das sind definitiv Energiespender, also Menschen, die Ihnen guttun.

Energievampire

Fühlen Sie sich nach einer Begegnung mit einer Person dagegen erschöpft und ausgelaugt, eher unglücklich oder gestresst oder wenig respektiert, dann werden Ihre Grenzen vermutlich überschritten. Oder erleben Sie Gefühle wie Frust oder Aggression nach dem Gespräch mit einer Person? Dann kann es sein, dass die Person Ihnen gar nicht richtig zuhört oder gegen Ihre Werte handelt. Das sind deutliche Zeichen, dass es sich um sogenannte Energievampire handeln könnte. Hier stellt sich die Frage, wie diese Kontakte reduziert oder ein passender Umgang mit ihnen gefunden werden kann.

Menschen können dazu neigen, mehr zu geben, als zu nehmen, was jedoch Grenzen erfordert, da sich nicht jeder an diese Dynamik hält. Toxische Personen zeigen ein schädigendes Verhalten wie Manipulation, Kritik, Egoismus oder Kontrollbedürfnis. Es ist wichtig, toxisches Verhalten zu erkennen und entsprechend zu handeln. Um den eigenen Energiehaushalt zu schützen gilt es, Kontakte zu Energiespendern zu stärken und angemessen mit Energievampiren umzugehen.

4.3 Hand reichen, aber nicht mitschleppen

Klar ist, dass wir nicht alle Beziehungen immer frei gestalten können. Es ist nicht möglich, allen Energievampiren dauerhaft aus dem Weg zu gehen und sich nur noch mit Energiespendern zu umgeben. Aber wie bei allen anderen Themen auch: Die Dosis macht das Gift und es ist Ihr Akku, um den es geht.

Wir alle haben die Chance, mitzugestalten und vielleicht den einen oder anderen aus seinem Tief herauszuziehen: mit gutem Beispiel voran und mit Empowerment anstecken. Wichtig ist dabei, auf eigene gesunde Grenzen zu achten, die eigenen Bedürfnisse gut im Blick zu haben, den Akkustand zu monitoren und sich auch Energietankstellen zu gönnen.

Der Heliotrope Effekt

Gelingt es uns, bewusst die Sonnenseite des Lebens zu wählen, aktiv daran zu arbeiten und unsere Selbstwirksamkeit positiv auszubauen, werden wir damit Wirkung erzielen. In der Natur gibt es den sogenannten Heliotrope Effekt, also den Vorgang, dass Pflanzen und Lebewesen sich nach der Sonne ausrichten. Dieses Phänomen kann auf Menschen übertragen werden. Sofern Sie die Sonne sind, werden sich andere ebenfalls nach Ihnen ausrichten und Sie werden nach dem Gesetz der Resonanz immer mehr Menschen treffen, die ebenfalls positiv an ihrem Empowerment arbeiten. Sie treffen auf Gleichgesinnte und bauen gemeinsam den Weg weiter aus.

Zeit für eine kleine Übung, die Ihnen auch dabei immer weiterhelfen wird: Zählen Sie bitte die fünf wichtigsten Menschen in Ihrem Leben auf. Nehmen Sie sich die Zeit und konkretisieren Sie diese Menschen wirklich. Unterbrechen Sie kurz das Lesen. Wenn Sie fünf Personen haben, kommt nun die wichtigste Frage: Sind Sie selbst auch dabei? Wenn ja, herzlichen Glückwunsch! Denn Sie sollten die wichtigste Person sein. Wenn nein: Dann haben Sie Ihr erstes To-do: Sich selbst wichtig nehmen!

Zusammenfassend möchten wir Ihnen an dieser Stelle folgende **fünf Tipps für eine gesunde und unterstützende Dynamik für Ihre zwischenmenschlichen Beziehungen** ans Herz legen:

- Motivation: Fragen Sie sich, was Ihre Intention ist. Warum Sie dieser Person helfen möchten. Ob es aus einem guten Grund geschieht oder ob Sie z. B. ein Bedürfnis danach, gemocht zu werden, in die Irre führt.
- Kommunikation: Verbalisieren Sie offen und ehrlich Ihre Grenzen. Es ist wichtig, ein deutliches NEIN zu sagen, wenn Ihre Grenze überschritten oder Ihre Energie erschöpft ist.
- Grenzen: Setzen und wahren Sie gesunde Grenzen für sich selbst. Und haben Sie im Blick, dass sich nicht jeder helfen lassen – oder empowern – will.
- Prioritäten: Sie und Ihre Bedürfnisse haben oberste Priorität. Nur wenn Sie gut auf sich achten, können Sie für andere wirksam sein.
- Selbstfürsorge: Kümmern Sie sich gut um sich selbst und um Ihr Wohlbefinden. Indem Sie auf sich achten und Ihren Akku pflegen, können Sie auf gesunde Weise unterstützen, ohne sich selbst zu überlasten.

Positive Beziehungen pflegen

Wenn es uns gelingt, Beziehungen zu Personen positiv zu bewerten und auch hier gute Entscheidungen für die eigene Zufriedenheit zu treffen, kann das ein Feuerwerk an positiven Emotionen, Handlungsfähigkeit und somit Empowerment hervorrufen. Sicherlich ist das Aufrechterhalten der positiven Beziehungen immer wieder herausfordernd. Umso wichtiger ist es, einen gesunden Umgang mit Energievampiren und Energiespendern zu finden. Und treffen Sie auf diese Menschen, liegt es bei Ihnen, die eigenen Grenzen zu setzen und auf Ihr Energielevel zu achten.

Probieren Sie es aus! Durch den sogenannten Heliotrope Effekt, bei dem Menschen sich nach positiven Vorbildern ausrichten, kann das aktive Streben nach einem erfüllten Leben auch andere anstecken und eine positive Resonanz erzeugen.

In zwischenmenschlichen Interaktionen können Emotionen leicht übertragen werden und unerwünschte Auswirkungen erzeugen.

- Um eine gesunde Dynamik aufrechtzuerhalten, ist es wichtig, zwischen Energiespendern und Energievampiren zu unterscheiden.
- Während Energiespender dazu beitragen, den eigenen Energiehaushalt zu stärken, können Energievampire durch toxisches Verhalten wie Manipulation, Kritik oder Egoismus Schaden anrichten.

- Daher ist es entscheidend, toxisches Verhalten zu erkennen und angemessen darauf zu reagieren, um die eigene Zufriedenheit zu fördern.
- Die Herausforderung besteht darin, einen ausgewogenen Umgang mit beiden Arten von Beziehungen zu finden, da es unmöglich ist, sich ausschließlich mit positiven Einflüssen zu umgeben.
- Durch die bewusste Auswahl und Pflege von Kontakten zu Energiespendern sowie einen angemessenen Umgang mit Energievampiren kann der eigene Energiehaushalt geschützt und eine positive Resonanz erzeugt werden.

Hacks (Notfallkoffer) „to go“

Es gibt Tage und Lebenssituationen, die sind einfach herausfordernd. Sie bringen uns an unsere Grenzen und überfordern uns. Je nach Anfälligkeit greifen Menschen dann zu Ersatzbefriedigungen (Essen, Alkohol ...), die uns suggerieren, dass es uns kurzfristig besser geht. Genau betrachtet tut es das am Ende des Tages tatsächlich noch weniger.

Diese 5 Schritte können auch kurzfristig unterstützend sein:

1. Wahrnehmen, Wertschätzen, Hinterfragen: Halten Sie inne und nehmen Sie wahr: Wie geht es mir? Mit welcher Emotion lässt sich mein Körper und mein Gefühl beschreiben? Wie fühlen sich die einzelnen Bereiche an? Wofür könnte dieser Zustand gut sein? Was würde die Situation zum Positiven verändern? Was brauche ich aktuell, damit es mir wieder besser geht?

Achtung: Menschen neigen dazu, andere für ihre Situation verantwortlich zu machen. Fragen Sie sich aktiv:
Was kann ich dazu beitragen, dass es mir besser geht?

2. Motivation erfragen: Das System Mensch ist hochkomplex. Aber selten geschieht etwas ohne Motiv. Fragen Sie sich also: Wohin führt mich die Situation. Führt sie mich hin zu (z. B. nehmen Menschen ab, wenn sie körperliche

Einschränkungen erleben, oder ernähren sich gesünder, weil sie eine Erkrankung haben ...) oder weg von etwas? Ein Motivationstief oder Aufschieberitis kann auch eine Schutzfunktion sein, wenn die zu erwartende Situation, Aufgabe oder Person noch unangenehmer ist.

3. Perspektivwechsel: Wussten Sie, dass auch ein Hamsterrad zwei Ausgänge hat? Wir sollten uns fragen: Sind wir Opfer unserer Umstände oder Gestalter unseres Lebens? Letzten Endes ist es unsere Entscheidung. Und wir haben die Konsequenzen zu verantworten und zu tragen. Und zwar sowohl die Auswirkungen, wenn wir handeln, als auch jene, wenn wir nicht handeln. Oder wie wir gerne bildlich sagen: Wer die Themen unter den Teppich kehrt und versucht, sie zu ignorieren, stolpert irgendwann darüber. Entscheiden Sie sich für einen der Ausgänge aus dem Hamsterrad und gestalten Sie Ihr Leben bewusst!

4. Energiediebe mindern/meiden: Damit wir aktiv an Empowerment arbeiten können, müssen wir wahrnehmen, was uns nicht guttut oder sogar Energie klaut. Dies können sowohl Aufgaben als auch Menschen sein. Sicherlich gehören gewisse energieraubende Aufgaben zu unser aller Alltag. Dennoch sollten wir genau überlegen: Mit wem verbringen wir unsere Zeit und wer heftet sich wie eine Zecke an uns, tut uns dabei aber gar nicht gut? Und was oder wer könnte eine Energietankstelle sein? Manchmal sind es einfache Dinge. Wussten Sie, dass Raucher nach dem Aufhören häufig gereizter sind? Das liegt nicht am Nikotin-Entzug, sondern daran, dass sie z. B. rauchen gegangen sind, wenn sie ein Problem hatten und nicht weitergekommen sind. Das Ergebnis: Die kurze Pause, das tiefe Durchatmen hilft, Abstand zu gewinnen und mit neuem Elan an das Problem heranzugehen. Und in der Regel dann auch eine Lösung zu finden.

Was sind Ihre Energietankstellen? Und wann integrieren Sie diese aktiv in den Alltag?

5. Worte schaffen Realität: Das gilt sowohl für Glaubenssätze (die sich tief in unsere Gedanken eingeprägt haben und auch von außerhalb kommen können) als auch für unsere Sprache. Sprechen wir davon, dass wir Dinge nicht können, ist das wesentlich realer, als zu glauben, dass wir es können.
Hören Sie sich genau zu. Und bevor Sie denken: „War ja gar nicht so schlecht", wechseln Sie die Perspektive und sagen lieber: „War ja schon ganz gut."

Es sind kleine Schritte, aber sie helfen uns Stück für Stück dabei, uns zu empowern.

Fast Reader

1. Definition und Entwicklung

In einer Zeit, in der sowohl in der Arbeitswelt als auch in der Gesellschaft zunehmend große Herausforderungen auftreten, werden viele Menschen mit psychischen Belastungen konfrontiert, die ernsthafte Probleme wie Burn-out und Depressionen verursachen können. Als Reaktion auf diese wachsenden Herausforderungen hat sich das Konzept des Empowerments entwickelt, das darauf abzielt, Menschen zu stärken und ihnen die Kontrolle über ihr Leben zurückzugeben. Hierbei geht es um Selbstreflexion, Standort- und Selbstbestimmung sowie um die Entwicklung von Fähigkeiten und den Umgang mit Hindernissen und Rückschlägen.

- Die Herausforderungen meistern bedeutet, bewusst hinzuschauen und aktiv Veränderungen einzuleiten.
- Gesundheit bewahren heißt, zu verstehen, wie Burn-out und Burn-on entstehen, und die Anzeichen richtig zu deuten, um aktiv daran zu arbeiten, gesund zu bleiben.
- Selbstmanagement im beruflichen Kontext ist ein wesentlicher Erfolgsfaktor. Empowerment im Job befähigt dazu, die verfügbaren Fähigkeiten, Stärken und Ressourcen zum Wohl des Teams zu nutzen und dabei persönlich zu wachsen.
- Empowerment liefert intrinsische Motivation und steigert Innovationsfähigkeit und Flexibilität.
- Es hilft langfristig dabei, zufrieden und erfolgreich zu sein.

2. Potenzialentfaltung und Selbstwirksamkeit im Körper

Wenn es darum geht, das innere Antriebspotenzial optimal zu nutzen, stehen verschiedene Möglichkeiten zur Verfügung. Diese Signale oder Erkenntnisse können dazu beitragen, dies weiter zu vertiefen:

- Das Gehirn kann motiviert sein, die Funktionen im Körper zu aktivieren, die uns von etwas wegführen.
- Bei positiver Motivation erlebt der Körper eine Flut von beispielsweise Dopamin. Wir erwarten somit eine Belohnung und haben den Antrieb, das Ziel zu erreichen.
- Optimalerweise erfolgt bei Zielerreichung die Ausschüttung körpereigener Opiate, beispielsweise Endorphine.
- Neben dem Antrieb aus Motivation haben wir eine Art Körperakku. Dieser wird jedoch häufig viel zu wenig beachtet, vor allem in stressigen Phasen.
- Es ist wichtig, dass Menschen bewusst mit ihren Stärken arbeiten und abwägen, wann diese zum Nachteil werden könnten.

3. Selbstmanagement der Stärken

Unser Selbstmanagement und das Gefühl der Handlungsfähigkeit beruhen auf verschiedenen Prozessen in unserem Körper und Gehirn, die durch verschiedene wissenschaftliche Theorien gestützt werden:

- Das Flow-Gefühl ist nicht mit Motivation, sondern mit dem Zustand des Handelns verbunden. Obwohl der Flow-Zustand nicht direkt geplant werden kann, können die Bedingungen, unter denen er auftreten kann, organisiert werden.
- Psychologische Sicherheit, das Verständnis der fünf Einflussfaktoren des PERMA-Modells auf unser Wohlbefinden sowie das Arbeiten mit unseren eigenen Stärken sind entscheidend für ein erfolgreiches Empowerment.
- Die Häufigkeit von positiven oder entspannten Erlebnissen ist wichtiger als ihre Intensität, um das Wohlbefinden zu steigern.
- Wir haben die Fähigkeit, unsere Gedanken und Gefühle selbst zu regulieren; je mehr positive Erfahrungen, desto stärker werden Selbstwirksamkeit und die Fähigkeit zur resilienten Bewältigung von Herausforderungen.

4. Ich und die anderen

In zwischenmenschlichen Interaktionen können Emotionen mühelos übertragen werden und unerwünschte Konsequenzen nach sich ziehen.

- Um eine gesunde Dynamik aufrechtzuerhalten, ist es von Bedeutung, zwischen Energiespendern und Energievampiren zu unterscheiden.
- Während Energiespender dazu beitragen, den eigenen Energiehaushalt zu stärken, können Energievampire durch ihr toxisches Verhalten wie Manipulation, Kritik oder Egoismus Schaden anrichten.

- Daher ist es entscheidend, toxisches Verhalten zu erkennen und angemessen darauf zu reagieren, um die eigene Zufriedenheit zu fördern.
- Die Herausforderung besteht darin, einen ausgewogenen Umgang mit beiden Arten von Beziehungen zu finden, da es unmöglich ist, sich ausschließlich mit positiven Einflüssen zu umgeben.
- Die Stimmung in Gruppen kann die Leistungsfähigkeit beeinflussen, sei es positiv oder negativ. Durch bewusste Auswahl und Pflege von Kontakten zu Energiespendern sowie einen angemessenen Umgang mit Energievampiren kann der eigene Energiehaushalt geschützt und eine positive Resonanz erzeugt werden.

Die Autorinnen

Alexandra Hagemann begleitet ihre Kunden als Trainerin und Coach mit dem Schwerpunkt Stärkenorientierte Team- und Führungskräfteentwicklung. Dabei kombiniert die Diplom-Pädagogin und Moderatorin ihre didaktische und wissenschaftliche Kompetenz mit einem ausgeprägten Empathievermögen. Dadurch gelingt es ihr, sowohl Mitarbeitende als auch Führungskräfte dafür zu begeistern, ihre Stärken aktiv zu managen. Unter anderem mit Sandra Dundler gewann sie 2023 gleich zwei Europäische Trainingspreise.

Kontakt:
ah Trainings
Alexandra Hagemann
Hochstr. 10
85235 Odelzhausen
Tel.: (08134) 223 9932
E-Mail: mail@ah-Trainings.de
www.ah-Trainings.de

Sandra Dundler begleitet Teams und Führungskräfte dabei, ihren Weg für das erfolgreiche Miteinander zu finden. Nach langjähriger Tätigkeit in unterschiedlichen Bereichen großer Konzerne verstärkte sich ihr Fokus auf Moderation und Training, bis sie sich schließlich als Trainerin und Coach selbstständig machte. Ihre Trainings, Workshops und Coachings leben von hoher Interaktivität, vielen Praxisbeispielen und dem Fokus auf nachhaltigem Praxistransfer.

Kontakt:
A Step Ahead
Sandra Dundler
Zeppelinstr. 12
89331 Burgau
Tel.: (0 172) 9064 255
E-Mail: sandra.dundler@a-step-ahead.de
www.a-step-ahead.de

Weiterführende Literatur

Cialdini, Robert: Die Psychologie des Überzeugens. Göttingen: Hogrefe Verlag, 8. unveränderte Aufl., 2017

Fredrickson, Barbara: Die Macht der guten Gefühle. Wie eine positive Haltung Ihr Leben dauerhaft verändert. Frankfurt a. M.: Campus Verlag, 2011

Fredrickson, Barbara: Die Macht der Liebe. Ein neuer Blick auf das größte Gefühl. Frankfurt a. M.: Campus Verlag, 2014

Groth, Alexander: 30 Minuten Stärkenorientiertes Führen. Offenbach: GABAL Verlag, 2009

Leibniz-Institut für Psychologie (ZPID): Open Test Archive: FKS. Flow-Kurzskala. Verfügbar unter: https://www.testarchiv.eu/de/test/9004690, 2019

Seligman, Martin: Flourish – Wie Menschen aufblühen. Die Positive Psychologie des gelingenden Lebens. München: Kösel-Verlag, 2012

Seligman, Martin: Wie wir aufblühen: Die fünf Säulen des persönlichen Wohlbefindens. München: Goldmann Verlag, 2015

Zickerick, Bianca & Rösner, Marlene & Sabo, Melinda & Schneider, Daniel: How to refocus attention on working memory representations following interruptions – Evidence from frontal theta and posterior alpha oscillations. European Journal of Neuroscience. 54. 10.1111/ejn.15506., 2021

Nützliche Quellen und Links

Das 8S Stärkeprofil®:
https://staerkeprofil.de/

Dankbarkeitsstudie von Prof. Paul J. Mills: https://www.zentrum-der-gesundheit.de/news/gesundheit/allgemein-gesundheit/dankbarkeit-herz

Fragebogen zum Flow-Zustand: https://www.psycharchives.org/en/item/87af4b18-6170-4b39-8627-8ef2513da25c

Nun Study von David Snowdon: https://en.wikipedia.org/wiki/Nun_Study

Register